THÉORIE MATHÉMATIQUE

DES PHÉNOMÈNES

ÉLECTRO - DYNAMIQUES

UNIQUEMENT

DÉDUITE DE L'EXPÉRIENCE

PAR

ANDRÉ-MARIE AMPÈRE

DEUXIÈME ÉDITION

CONFORME A LA PREMIÈRE PUBLIÉE EN 1826

PARIS

A. HERMANN, LIBRAIRIE SCIENTIFIQUE

8, RUE DE LA SORBONNE, 8

1883

THÉORIE MATHÉMATIQUE

DES

PHÉNOMÈNES ÉLECTRO-DYNAMIQUES

UNIQUEMENT DÉDUITE DE L'EXPÉRIENCE

IMPRIMERIE G. MARPON ET E. FLAMMARION
26, RUE RACINE, A PARIS

THÉORIE MATHÉMATIQUE

DES PHÉNOMÈNES

ÉLECTRO-DYNAMIQUES

UNIQUEMENT

DÉDUITE DE L'EXPÉRIENCE

PAR

ANDRÉ-MARIE AMPÈRE

DEUXIÈME ÉDITION

CONFORME A LA PREMIÈRE PUBLIÉE EN 1826

PARIS

A. HERMANN, LIBRAIRIE SCIENTIFIQUE

8, RUE DE LA SORBONNE, 8

1883

IMPRIMERIE C. MARPON ET E. FLAMMARION
26, RUE RACINE, A PARIS

THÉORIE MATHÉMATIQUE

DES PHÉNOMÈNES

ÉLECTRO-DYNAMIQUES

UNIQUEMENT

DÉDUITE DE L'EXPÉRIENCE

PAR

ANDRÉ-MARIE AMPÈRE

DEUXIÈME ÉDITION

CONFORME A LA PREMIÈRE PUBLIÉE EN 1826

PARIS

A. HERMANN, LIBRAIRIE SCIENTIFIQUE

8, RUE DE LA SORBONNE, 8

1883

MÉMOIRE

SUR LA THÉORIE MATHÉMATIQUE

DES

PHÉNOMÈNES ÉLECTRO-DYNAMIQUES

UNIQUEMENT DÉDUITE DE L'EXPÉRIENCE

L'époque que les travaux de Newton ont marquée dans l'histoire des sciences n'est pas seulement celle de la plus importante des découvertes que l'homme ait faites sur les causes des grands phénomènes de la nature, c'est aussi l'époque où l'esprit humain s'est ouvert une nouvelle route dans les sciences qui ont pour objet l'étude de ces phénomènes.

Jusqu'alors on en avait presque exclusivement cherché les causes dans l'impulsion d'un fluide inconnu qui entraînait les particules matérielles suivant la direction de ses propres particules; et partout où l'on voyait un mouvement révolutif, on imaginait un tourbillon dans le même sens.

Newton nous a appris que cette sorte de mouvement doit, comme tous ceux que nous offre la nature, être ramenée par le calcul à des forces agissant toujours entre deux particules matérielles suivant la droite qui les joint, de manière que l'action exercée par l'une d'elles sur l'autre soit égale et opposée à celle que cette dernière exerce en même temps sur la première, et qu'il ne puisse, par conséquent, lorsqu'on suppose ces deux particules liées invariablement entre elles, résulter aucun mouvement de leur action mutuelle. C'est cette loi confirmée aujourd'hui par toutes les observations, par tous les calculs, qu'il exprima dans le dernier des trois axiomes qu'il plaça au commencement des *Philosophiæ naturalis principia mathematica*. Mais il ne suffisait pas de s'être élevé à cette haute conception, il fallait trouver suivant quelle loi ces forces varient avec la situation respective des particules entre lesquelles elles s'exercent, ou, ce qui revient au même, en exprimer la valeur par une formule.

Newton fut loin de penser qu'une telle loi pût être inventée en partant de considérations abstraites plus ou moins plausibles. Il établit qu'elle devait être déduite des faits observés, ou plutôt de ces lois empiriques qui, comme celles de Képler, ne sont que les résultats généralisés d'un grand nombre de faits.

Observer d'abord les faits, en varier les circonstances autant qu'il est possible, accompagner ce premier travail de mesures précises pour en déduire des lois générales, uniquement fondées sur l'expérience, et déduire de ces lois, indépendamment de toute hypothèse sur la nature des forces qui produisent les phénomènes, la valeur mathématique de ces forces, c'est-à-dire la formule qui les représente, telle est la marche qu'a suivie Newton. Elle a été, en général, adoptée en France par les savants auxquels la physique doit les immenses progrès qu'elle a faits dans ces derniers temps, et c'est elle qui m'a servi de guide dans toutes mes recherches sur les phénomènes électrodynamiques. J'ai consulté uniquement l'expérience pour établir les lois de ces phénomènes, et j'en ai déduit la formule qui peut seule représenter les forces auxquelles ils sont dus ; je n'ai fait aucune recherche sur la cause même qu'on peut assigner à ces forces, bien convaincu que toute recherche de ce genre doit être précédée de la connaissance purement expérimentale des lois, et de la détermination, uniquement déduite de ces lois, de la valeur des forces élémentaires dont la direction est nécessairement celle de la droite menée par les points matériels entre lesquels elles s'exercent. C'est pour cela que j'ai évité de parler des idées que je pouvais avoir sur la nature de la cause de celles qui émanent des conducteurs voltaïques, si ce n'est dans les notes qui accompagnent l'*Exposé sommaire des nouvelles expériences électro-magnétiques faites par plusieurs physiciens depuis le mois de mars* 1821, que j'ai lu dans la séance publique de l'Académie des Sciences, le 8 avril 1822 ; on peut voir ce que j'en ai dit dans ces notes à la page 215 de mon *Recueil d'Observations électro-dynamiques*. Il ne paraît pas que cette marche, la seule qui puisse conduire à des résultats indépendants de toute hypothèse, soit préférée par les physiciens du reste de l'Europe, comme elle l'est par les Français; et le savant illustre qui a vu le premier les pôles d'un aimant transportés par l'action d'un fil conducteur dans des directions perpendiculaires à celles de ce fil, en a conclu que la matière électrique tournait autour de lui, et poussait ces pôles dans le sens de son mouvement, précisément comme Descartes faisait tourner la matière de ses tourbillons dans le sens des révolutions planétaires. Guidé par les principes de la philosophie newtonienne, j'ai ramené le phénomène observé par M. Oerstedt, comme on l'a fait à l'égard de tous ceux du même genre que nous offre la nature, à des forces agissant toujours suivant la droite qui joint les deux particules entre lesquelles elles s'exercent; et si j'ai établi que la même disposition ou le même mouvement de l'électricité qui existe dans le fil conducteur a lieu aussi autour des particules des aimants, ce n'est certainement pas pour les faire agir par impulsion à la manière d'un tourbillon, mais pour calculer, d'après ma formule, les forces qui en résultent entre ces particules et celles d'un conducteur ou d'un autre aimant, suivant les droites qui joignent deux à deux les particules dont on considère l'action mutuelle, et pour montrer que les résultats du calcul sont complètement vérifiés : 1° par les expériences que j'ai faites et par celles qu'on doit à M. Pouillet sur la détermination précise des situations où il faut que se trouve un conducteur mobile, pour qu'il reste en équilibre lorsqu'il est soumis à l'action, soit d'un autre conducteur, soit d'un aimant; 2° par l'accord de ces résultats avec les lois que Coulomb et M. Biot ont déduites de leurs expériences, le premier relativement à l'action mutuelle de deux aimants, le second à celle d'un aimant et d'un fil conducteur.

Le principal avantage des formules qui sont ainsi conclues immédiatement de quelques faits généraux donnés par un nombre suffisant d'observations pour que la certitude n'en puisse être contestée, est de rester indépendantes, tant des hypothèses dont leurs auteurs ont pu s'aider dans la recherche de ces formules, que de celles qui peuvent leur être substituées dans la suite. L'expression de l'attraction universelle déduite des lois de Képler ne dépend point des hypothèses que quelques auteurs ont essayé de faire sur une cause mécanique qu'ils voulaient lui assigner. La théorie de la chaleur repose réellement sur des faits généraux donnés immédiatement par l'obser-vation ; et l'équation déduite de ces faits se trouvant confirmée par l'accord des résultats qu'on en tire et de ceux que donne l'expérience, doit être également reçue comme exprimant les vraies lois de la pro-pagation de la chaleur, et par ceux qui l'attribuent à un rayonnement de molécules calorifiques, et par ceux qui recourent pour expliquer le même phénomène aux vibrations d'un fluide répandu dans l'espace ; seulement il faut que les premiers montrent comment l'équation dont il s'agit résulte de leur manière de voir, et que les seconds la dédui-sent des formules générales des mouvements vibratoires ; non pour rien ajouter à la certitude de cette équation, mais pour que leurs hypothèses respectives puissent subsister. Le physicien qui n'a point pris de parti à cet égard admet cette équation comme la représenta-tion exacte des faits, sans s'inquiéter de la manière dont elle peut ré-sulter de l'une ou de l'autre des explications dont nous parlons ; et si de nouveaux phénomènes et de nouveaux calculs viennent à démon-trer que les effets de la chaleur ne peuvent être réellement expliqués que dans le système des vibrations, le grand physicien qui a le pre-mier donné cette équation, et qui a créé pour l'appliquer à l'objet de ses recherches de nouveaux moyens d'intégration, n'en serait pas moins l'auteur de la théorie mathématique de la chaleur, comme Newton est celui de la théorie des mouvements planétaires, quoique cette dernière ne fût pas aussi complètement démontrée par ses tra-vaux qu'elle l'a été depuis par ceux de ses successeurs.

Il en est de même de la formule par laquelle j'ai représenté l'action électro-dynamique. Quelle que soit la cause physique à laquelle on veuille rapporter les phénomènes produits par cette action, la for-mule que j'ai obtenue restera toujours l'expression des faits. Si l'on parvient à la déduire d'une des considérations par lesquelles on a expliqué tant d'autres phénomènes, telles que les attractions en rai-son inverse du carré de la distance, celles qui deviennent insensibles à toute distance appréciable des particules entre lesquelles elles s'exercent, les vibrations d'un fluide répandu dans l'espace, etc., on fera un pas de plus dans cette partie de la physique ; mais cette re-cherche, dont je ne me suis point encore occupé, quoique j'en recon-naisse toute l'importance, ne changera rien aux résultats de mon tra-vail, puisque pour s'accorder avec les faits, il faudra toujours que l'hypothèse adoptée s'accorde avec la formule qui les représente si complètement.

Dès que j'eus reconnu que deux conducteurs voltaïques agissent l'un sur l'autre, tantôt en s'attirant, tantôt en se repoussant, que j'eus distingué et décrit les actions qu'ils exercent dans les différentes situations où ils peuvent se trouver l'un à l'égard de l'autre, et que j'eus constaté l'égalité de l'action qui est exercée par un conducteur rectiligne, et de celle qui l'est par un conducteur sinueux, lorsque celui-ci ne s'éloigne qu'à des distances extrêmement petites de la direction du premier, et se termine, de part et d'autre, aux mêmes points ; je cherchai à exprimer par une formule la valeur de la force attractive ou répulsive de deux de leurs éléments, ou parties infiniment petites, afin de pouvoir en déduire, par les méthodes connues d'intégration, l'action qui a lieu entre deux portions de conducteurs données de forme et de situation.

L'impossibilité de soumettre directement à l'expérience des portions infiniment petites du circuit voltaïque, oblige nécessairement à partir d'observations faites sur des fils conducteurs de grandeur finie, et il faut satisfaire à ces deux conditions, que les observations soient susceptibles d'une grande précision, et qu'elles soient propres à déterminer la valeur de l'action mutuelle de deux portions infiniment petites de ces fils. C'est ce qu'on peut obtenir de deux manières : l'une consiste à mesurer d'abord avec la plus grande exactitude des valeurs de l'action mutuelle de deux portions d'une grandeur finie, en les plaçant successivement, l'une par rapport à l'autre, à différentes distances et dans différentes positions, car il est évident qu'ici l'action ne dépend pas seulement de la distance ; il faut ensuite faire une hypothèse sur la valeur de l'action mutuelle de deux portions infiniment petites, en conclure celle de l'action qui doit en résulter pour les conducteurs de grandeur finie sur lesquels on a opéré, et modifier l'hypothèse jusqu'à ce que les résultats du calcul s'accordent avec ceux de l'observation. C'est ce procédé que je m'étais d'abord proposé de suivre, comme je l'ai expliqué en détail dans un Mémoire lu à l'Académie des Sciences, le 9 octobre 1820 (1) ; et quoiqu'il ne nous

---

(1) Ce mémoire n'a pas été publié à part, mais les principaux résultats en ont été insérés dans celui que j'ai publié en 1820, dans le tome XV des *Annales de chimie et de physique.*

conduise à la vérité que par la voie indirecte des hypothèses, il n'en est pas moins précieux, puisqu'il est souvent le seul qui puisse être employé dans les recherches de ce genre. Un des membres de cette Académie, dont les travaux ont embrassé toutes les parties de la physique, l'a parfaitement décrit dans la *Notice sur l'aimantation imprimée aux métaux par l'électricité en mouvement*, qu'il nous a lue le 2 avril 1821, en l'appelant un travail en quelque sorte de divination, qui est la fin de presque toutes les recherches physiques (1).

Mais il existe une autre manière d'atteindre plus directement le même but; c'est celle que j'ai suivie depuis, et qui m'a conduit au résultat que je désirais : elle consiste à constater, par l'expérience, qu'un conducteur mobile reste exactement en équilibre entre des forces égales, ou des moments de rotation égaux, ces forces et ces moments étant produits par des portions de conducteurs fixes dont les formes ou les grandeurs peuvent varier d'une manière quelconque, sous des conditions que l'expérience détermine, sans que l'équilibre soit troublé, et d'en conclure directement par le calcul quelle doit être la valeur de l'action mutuelle de deux portions infiniment petites, pour que l'équilibre soit en effet indépendant de tous les changements de forme ou de grandeur compatibles avec ces conditions.

Ce dernier procédé ne peut être employé que quand la nature de l'action qu'on étudie donne lieu à des cas d'équilibre indépendants de la forme des corps ; il est, par conséquent, beaucoup plus restreint dans ces applications que celui dont j'ai parlé tout à l'heure : mais puisque les conducteurs voltaïques présentent des circonstances où cette sorte d'équilibre a lieu, il est naturel de le préférer à tout autre, comme plus direct, plus simple, et susceptible d'une plus grande exactitude quand les expériences sont faites avec les précautions convenables. Il y a d'ailleurs, à l'égard de l'action exercée par ces conducteurs, un motif bien plus décisif encore de le suivre dans les recherches relatives à la détermination des forces qui la produisent : c'est l'extrême difficulté des expériences où l'on se proposerait, par exemple, de mesurer ces forces par le nombre des oscillations d'un corps soumis à leurs actions. Cette difficulté vient de ce que quand on fait agir un

---

(1) Voyez le *Journal des savants*, avril 1821, p. 233.

conducteur fixe sur une portion mobile du circuit voltaïque, les parties de l'appareil nécessaire pour la mettre en communication avec la pile, agissent sur cette portion mobile en même temps que le conducteur fixe, et altèrent ainsi les résultats des expériences. Je crois cependant être parvenu à la surmonter dans un appareil propre à mesurer l'action mutuelle de deux conducteurs, l'un fixe et l'autre mobile, par le nombre des oscillations de ce dernier, et en faisant varier la forme du conducteur fixe. Je décrirai cet appareil dans la suite de ce Mémoire.

Il est vrai qu'on ne rencontre pas les mêmes obstacles quand on mesure de la même manière l'action d'un fil conducteur sur un aimant ; mais ce moyen ne peut être employé quand il s'agit de la détermination des forces que deux conducteurs voltaïques exercent l'un sur l'autre, détermination qui doit être le premier objet de nos recherches dans l'étude des nouveaux phénomènes. Il est évident, en effet, que si l'action d'un fil conducteur sur un aimant était due à une autre cause que celle qui a lieu entre deux conducteurs, les expériences faites sur la première ne pourraient rien apprendre relativement à la seconde ; et que si les aimants ne doivent leurs propriétés qu'à des courants électriques, entourant chacune de leurs particules, il faudrait, pour pouvoir en tirer des conséquences certaines relativement à l'action qu'exerce sur ces courants celui du fil conducteur, que l'on sût d'avance s'ils ont la même intensité près de la surface de l'aimant et dans son intérieur, ou suivant quelle loi varie cette intensité ; si les plans de ces courants sont partout perpendiculaires à l'axe du barreau aimanté, comme je l'avais d'abord supposé, ou si l'action mutuelle des courants d'un même aimant leur donne une situation d'autant plus inclinée à cet axe qu'ils en sont à une plus grande distance et qu'ils s'écartent davantage de son milieu, comme je l'ai conclu depuis de la différence qu'on remarque entre la situation des pôles d'un aimant, et celles des points qui jouissent des mêmes propriétés dans un fil conducteur roulé en hélice. (1).

---

(1) Je crois devoir insérer ici la note suivante, qui est extraite de l'analyse des travaux de l'Académie pendant l'année 1821, publiée le 8 avril 1822. (Voyez la partie mathématique de cette analyse, p. 22 et 23.)

« La principale différence entre la manière d'agir d'un aimant et d'un con-
« ducteur voltaïque dont une partie est roulée en hélice autour de l'autre,

Les divers cas d'équilibre que j'ai constatés par des expériences précises, donnent immédiatement autant de lois qui conduisent

« consiste en ce que les pôles du premier sont situés plus près du milieu de « l'aimant que ses extrémités, tandis que les points qui présentent les mêmes « propriétés dans l'hélice sont exactement placés aux extrémités de cette « hélice : c'est ce qui doit arriver quand l'intensité des courants de l'aimant va « en diminuant de son milieu vers ses extrémités. Mais M. Ampère a reconnu « depuis une autre cause qui peut aussi déterminer cet effet. Après avoir « conclu de ses nouvelles expériences, que les courants électriques d'un aimant « existent autour de chacune de ses particules, il lui a été aisé de voir qu'il « n'est pas nécessaire de supposer, comme il l'avait fait d'abord, que les plans « de ces courants sont partout perpendiculaires à l'axe de l'aimant; leur action « mutuelle doit tendre à donner à ces plans une situation inclinée à l'axe, sur- « tout vers ses extrémités, en sorte que les pôles, au lieu d'y être exactement « situés, comme ils devraient l'être, d'après les calculs déduits des formules « données par M. Ampère, lorsqu'on suppose tous les courants de même inten- « sité et dans des plans perpendiculaires à l'axe, doivent se rapprocher du mi- « lieu de l'aimant d'une partie de sa longueur d'autant plus grande que les « plans d'un plus grand nombre de courants sont ainsi inclinés, et qu'ils le sont « davantage, c'est-à-dire d'autant plus que l'aimant est plus épais relativement « à sa longueur, ce qui est conforme à l'expérience. Dans les fils conducteurs « pliés en hélice, et dont une partie revient par l'axe pour détruire l'effet de la « partie des courants de chaque spire qui agit comme s'ils étaient parallèles à « cet axe, les deux circonstances qui, d'après ce que nous venons de dire, n'ont « pas nécessairement lieu dans les aimants, existent au contraire nécessai- « rement dans ces fils ; aussi observe-t-on que les hélices ont des pôles sem- « blables à ceux des aimants, mais placés exactement à leurs extrémités comme « le donne le calcul. »

On voit par cette note que, dès l'année 1821, j'avais conclu des phénomènes que présentent les aimants : 1° qu'en considérant chaque particule d'un bar- reau aimanté comme un aimant, les axes de ces aimants élémentaires doivent être, non pas parallèles à l'axe de l'aimant total comme on le supposait alors, mais situés dans des directions inclinées à cet axe et dans des directions déter- minées par leur action mutuelle ; 2° que cette disposition est une des causes pour lesquelles les pôles de l'aimant total ne sont pas situés à ses extrémités, mais entre les extrémités et le milieu de l'aimant. L'une et l'autre de ses asser- tions se trouvent aujourd'hui complètement démontrées par les résultats que M. Poisson a déduits des formules par lesquelles il a représenté la distribution, dans les aimants, des forces qui émanent de chacune de leurs particules. Ces formules sont fondées sur la loi de Coulomb, et il n'y a, par conséquent, rien à y changer quand on adopte la manière dont j'ai expliqué les phénomènes magnétiques, puisque cette loi est une conséquence de ma formule, comme on le verra dans la suite de ce Mémoire.

directement à l'expression mathématique de la force que deux éléments de conducteurs voltaïques exercent l'un sur l'autre, d'abord en
faisant connaître la forme de cette expression, ensuite en déterminant les nombres constants, mais d'abord inconnus, qu'elle renferme,
précisément comme les lois de Képler démontrent d'abord que la force
qui retient les planètes dans leurs orbites tend constamment au
centre du soleil, puisqu'elle change pour une même planète en raison
inverse du carré de sa distance à ce centre, enfin que le coefficient
constant qui en représente l'intensité a la même valeur pour toutes
les planètes. Ces cas d'équilibre sont au nombre de quatre : le premier démontre l'égalité des valeurs absolues de l'attraction et de la
répulsion qu'on produit en faisant passer alternativement, en deux
sens opposés, le même courant dans un conducteur fixe dont on ne
change ni la situation ni la distance au corps sur lequel il agit. Cette
égalité résulte de la simple observation que deux portions égales d'un
même fil conducteur recouvertes de soie pour en empêcher la communication, et toutes deux rectilignes ou tordues ensemble de
manière à former l'une autour de l'autre deux hélices dont toutes les
parties sont égales, et qui sont parcourues par un même courant
électrique, l'une dans un sens et l'autre en sens contraire, n'exercent
aucune action, soit sur un conducteur mobile, soit sur un aimant ;
on peut aussi la constater à l'aide du conducteur mobile qu'on voit
dans la figure 9 de la planche Iʳᵉ du tome XVIII des Annales de
chimie et de physique, relative à la description d'un de mes appareils
électro-dynamiques, et qui est représenté ici (Pl. I, fig. 1). On place
pour cela un peu au-dessous de la partie inférieure *dee′d′* de ce conducteur, et dans une direction quelconque, un conducteur rectiligne
horizontal plusieurs fois redoublé AB, de manière que le milieu de sa
longueur et de son épaisseur soit dans la verticale qui passe par les
pointes *x*, *y*, autour desquelles tourne librement le conducteur
mobile. On voit alors que ce conducteur reste dans la situation où on
le place ; ce qui prouve qu'il y a équilibre entre les actions exercées
par le conducteur fixe sur les deux portions égales et opposées de
circuit voltaïque *bcde*, *b′c′d′e′*, qui ne diffèrent que parce que, dans
l'une, le courant électrique va en s'approchant du conducteur fixe
AB, et dans l'autre, en s'en éloignant, quel que soit d'ailleurs l'angle
formé par la direction de ce dernier conducteur avec le plan du
conducteur mobile : or, si l'on considère d'abord les deux actions

exercées entre chacune de ces portions de circuit voltaïque et la moitié
du conducteur AB dont elle est la plus voisine, et ensuite les deux
actions entre chacune d'elles et la moitié du même conducteur dont
elle est la plus éloignée, on verra aisément : 1° que l'équilibre dont
nous venons de parler ne peut avoir lieu pour toutes les valeurs de
cet angle, qu'autant qu'il y a séparément équilibre entre les deux
premières actions et les deux dernières; 2° que si l'une des deux premières est attractive, parce que les côtés de l'angle aigu formé par les
portions de conducteurs entre lesquelles elle a lieu, sont parcourus
dans le même sens par le courant électrique, l'autre sera répulsive
parce qu'elle aura lieu entre les deux côtés de l'angle égal opposé au
sommet, qui sont parcourus en sens contraires par le même courant,
en sorte qu'il faudra d'abord, pour qu'il y ait équilibre entre elles,
que ces deux premières actions qui tendent à faire tourner le conducteur mobile, l'une dans un sens, l'autre dans le sens opposé,
soient égales entre elles ; et ensuite que les deux dernières actions,
l'une attractive et l'autre répulsive, qui s'exercent entre les côtés des
deux angles obtus opposés au sommet et suppléments de ceux dont
nous venons de parler, soient aussi égales entre elles. Il est inutile
de remarquer que ces actions sont réellement les sommes des produits des forces qui agissent sur chaque portion infiniment petite du
conducteur mobile, multipliées par leur distance à la verticale autour
de laquelle il peut librement tourner; mais comme les distances à cette
verticale des portions infiniment petites correspondantes des deux
branches $bcde$, $b'c'd'e'$ sont toujours égales entre elles, l'égalité des
moments rend nécessaire celle des forces.

Le second des trois cas généraux d'équilibre, est celui que j'ai
remarqué à la fin de l'année 1820 ; il consiste dans l'égalité des
actions exercées sur un conducteur rectiligne mobile, par deux conducteurs fixes situés à égales distances du premier, et dont l'un est
rectiligne, l'autre plié et contourné d'une manière quelconque, quelles
que soient d'ailleurs les sinuosités que forme ce dernier. Voici la
description de l'appareil avec lequel j'ai vérifié l'égalité des deux
actions par des expériences susceptibles d'une grande précision, et
dont j'ai communiqué les résultats à l'Académie, dans la séance du
26 décembre 1820.

Les deux règles verticales en bois, PQ, RS (fig. 2), portent, dans
des rainures pratiquées sur celles de leurs faces qui se trouvent en

regard, la première un fil rectiligne *bc*, la seconde un fil *kl* formant,
dans toute sa longueur et dans un plan perpendiculaire au plan qui
joindrait les deux axes des règles, des contours et des replis tels que
ceux qu'on voit dans la figure le long de la règle RS, de manière que
ce fil ne s'éloigne, en aucun de ses points, que très peu du milieu de
la rainure.

Ces deux fils sont destinés à servir de conducteurs à deux portions
d'un même courant, que l'on fait agir par répulsion sur la partie GH
d'un conducteur mobile, composé de deux circuits rectangulaires
presque fermés et égaux BCDE, FGHI, qui sont parcourus en sens
contraires par le courant électrique, afin que les actions que la terre
exerce sur ces deux circuits se détruisent mutuellement. Aux deux
extrémités de ce conducteur mobile, sont deux pointes A et K qui
plongent dans les coupes M et N, pleines de mercure, et soudées aux
extrémités des deux branches de cuivre *g*M, *h*N. Ces branches sont
en communication, par les boîtes de cuivre *g* et *h*, la première avec
un fil de cuivre *gfe*, plié en hélice autour du tube de verre *hgf*, l'autre
avec un fil rectiligne *hi* qui passe dans l'intérieur du même tube, et
se termine dans l'auge *ki*, creusée dans une pièce de bois *vw* qu'on
fixe à la hauteur que l'on veut, contre le montant *z*, avec la vis de
pression *o*. D'après l'expérience dont j'ai parlé plus haut, cette portion du circuit composée de l'hélice *gf* et du fil rectiligne *hi*, ne peut
exercer aucune action sur le conducteur mobile. Pour que le courant
électrique passe dans les conducteurs fixes *bc* et *kl*, les fils dont ces
conducteurs sont formés se prolongent en *cde*, *lmn*, dans deux tubes
de verre (1) attachés à la traverse *xy*, et viennent se terminer, le
premier dans la coupe *e*, et le second dans la coupe *n*. Tout étant ainsi
disposé, on met du mercure dans toutes les coupes et dans les deux
auges *ba*, *ki*, et l'on plonge le rhéophore positif *pa* dans l'auge *ba* qui
est aussi creusée dans la pièce de bois *vw*, et le rhéophore négatif
qn dans la coupe *n*. Le courant parcourt tous les conducteurs de
l'appareil dans l'ordre suivant *pabcdefg* MABCDEFGHIKN *hiklmnq*;

---

(1) L'usage de ces tubes est d'empêcher la flexion des fils qui y sont renfer-
més, en les maintenant à des distances égales des deux conducteurs *be*, *kl*, afin
que leurs actions sur GH qui diminuent celle de ces deux conducteurs, les diminuent également.

d'où il résulte qu'il est ascendant dans les deux conducteurs fixes, et descendant dans la partie GH du conducteur mobile qui est soumise à leur action, et qui se trouve au milieu de l'intervalle des deux conducteurs fixes dans le plan qui passe par leurs axes. Cette partie GH est donc repoussée par *bc* et *kl* : d'où il suit que si l'action de ces deux conducteurs est la même à égales distances, GH doit s'arrêter au milieu de l'intervalle qui les sépare ; c'est ce qui arrive en effet.

Il est bon de remarquer : 1° que les deux axes des conducteurs fixes étant à égales distances de GH, on ne peut pas dire rigoureusement que la distance est la même pour tous les points du conducteur *kl*, à cause des contours et des replis que forme ce conducteur. Mais comme ces contours et ces replis sont dans un plan perpendiculaire au plan qui passe par GH et par les axes des conducteurs fixes, il est évident que la différence de distance qui en résulte, est la plus petite possible, et d'autant moindre que la moitié de la largeur de la rainure RS, que cette moitié est moindre que l'intervalle des deux règles, puisque cette différence, dans le cas où elle est la plus grande possible, est égale à celle qui se trouve entre le rayon et la sécante d'un arc dont la tangente est égale à la moitié de la largeur de la rainure, et qui appartient à un cercle dont le diamètre est l'intervalle des deux règles ; 2° que si l'on décompose chaque portion infiniment petite du conducteur *kl*, comme on décomposerait une force en deux autres petites portions qui en soient les projections, l'une sur l'axe vertical de ce conducteur, l'autre sur des lignes horizontales menées par tous ses points dans le plan où se trouvent les replis et les contours qu'il forme, la somme des premières, en prenant négativement celles qui, ayant une direction opposée à la direction des autres, doivent produire une action en sens contraire, sera égale à la longueur de cet axe ; en sorte que l'action totale, résultant de toutes ces projections, sera la même que celle d'un conducteur rectiligne égal à l'axe, c'est-à-dire à celle du conducteur *bc* situé de l'autre côté à la même distance de GH, tandis que l'action des secondes sera nulle sur le même conducteur mobile GH, puisque les plans élevés perpendiculairement sur le milieu de chacune d'elles passeront sensiblement par la direction de GH. La réunion de ces deux séries de projections produit donc nécessairement sur GH une action égale à celle de *bc* ; et comme l'expérience prouve que le conducteur sinueux *kl* produit aussi une action égale à celle de *bc*, quels que soient les replis et les contours qu'il forme, il s'ensuit qu'il agit, dans tous les cas, comme la réunion des deux séries de projections, ce qui ne peut avoir lieu, indépendamment de la manière dont il est plié et contourné, à moins que chacune des parties de ce conducteur n'agisse séparément comme la réunion de ses deux projections.

Pour que cette expérience ait toute l'exactitude désirable, il est nécessaire que les deux règles soient exactement verticales, et qu'elles soient précisément à la même distance du conducteur mobile. Pour remplir ces conditions, on adapte une division $\alpha\beta$ à la traverse xy, et l'on fixe les règles avec deux crampons η et θ, et deux vis de pression λ, μ, ce qui permet de les écarter ou de les rapprocher à volonté, en les maintenant toujours à égale distance du milieu γ de la division $\alpha\beta$. L'appareil est construit de manière que les deux règles sont perpendiculaires à la traverse xy, et on rend celle-ci horizontale à l'aide des vis que l'on voit aux quatre coins du pied de l'instrument, et du fil à plomb XY qui répond exactement au point Z, déterminé convenablement sur ce pied, quand la traverse xy est parfaitement de niveau.

Pour rendre le conducteur ABCDEFGHIK mobile autour d'une ligne verticale, située à égale distance des deux conducteurs bc, kl, ce conducteur est suspendu à un fil métallique très fin attaché au centre d'un bouton T, qui peut tourner sur lui-même sans changer de distance à ces deux conducteurs ; ce bouton est au centre d'un petit cadran O, sur lequel l'indice L sert à marquer l'endroit où il faut l'arrêter pour que la partie GH du conducteur mobile réponde, sans que le fil soit tordu, au milieu de l'intervalle des deux conducteurs fixes bc, kl, afin de pouvoir remettre immédiatement l'aiguille dans la direction où il faut qu'elle soit pour cela, toutes les fois qu'on veut répéter l'expérience. On reconnaît que GH est en effet à égale distance de bc et de kl, au moyen d'un autre fil à plomb $\psi\omega$ attaché à une branche de cuivre $\varphi\chi\psi$ portée comme le cadran O par le support UVO, dans lequel cette branche $\varphi\chi\psi$ peut tourner autour de l'axe du bouton φ qui la termine, ce qui donne la facilité de faire répondre la pointe de l'aplomb ω sur la ligne $\gamma\delta$ milieu de la division $\alpha\beta$. Quand le conducteur est dans la position convenable, les trois verticales $\psi\omega$, GH et CD se trouvent dans le même plan, et l'on s'en assure aisément en plaçant l'œil dans ce plan en avant de $\psi\omega$.

Le conducteur mobile se trouve ainsi placé d'avance dans la situation où il doit y avoir équilibre, entre les répulsions des deux conducteurs fixes, si ces répulsions sont exactement égales : on les produit alors en plongeant dans le mercure de l'auge *ba* et de la coupe *n* les fils *ap*, *nq*, qui communiquent avec les deux extrémités de la pile, et l'on voit le conducteur GH rester dans cette situation malgré la grande mobilité de ce genre de suspension, tandis que si l'on déplace, même très peu, l'indice L, ce qui amène GH dans une situation où il n'est plus à égales distances des conducteurs fixes *bc*, *kl*, on le voit se mouvoir à l'instant où l'on établit les communications avec la pile, en s'éloignant de celui des conducteurs dont il se trouve le plus près. C'est ainsi que j'ai constaté, dans le temps où j'ai fait construire cet instrument, l'égalité des actions des deux conducteurs fixes, par des expériences répétées plusieurs fois avec toutes les précautions nécessaires pour qu'il ne pût rester aucun doute sur leur résultat.

On peut aussi démontrer la même loi par une expérience bien simple : il suffit pour cela de prendre un fil de cuivre revêtu de soie dont une portion est rectiligne et l'autre est repliée autour d'elle de manière qu'elle forme des sinuosités quelconques sans se séparer de la première qui en est isolée par la soie qui les recouvre. On constate alors qu'une autre portion de fil conducteur est sans action sur l'assemblage de ces deux portions ; et comme elle le serait également sur l'assemblage de deux fils rectilignes parcourus en sens contraires par un même courant électrique, d'après l'expérience par laquelle on constate de la manière la plus simple le premier cas d'équilibre, il s'ensuit que l'action d'un courant sinueux est précisément égale à celle d'un courant rectiligne compris entre les mêmes extrémités, puisque ces deux actions font l'une et l'autre équilibre à l'action d'un même courant rectiligne de même longueur que ce dernier, mais dirigé en sens contraire.

Le troisième cas d'équilibre consiste en ce qu'un circuit fermé de forme quelconque, ne saurait mettre en mouvement une portion quelconque d'un fil conducteur formant un arc du cercle dont le centre est dans un axe fixe, autour duquel il peut tourner librement et qui est perpendiculaire au plan du cercle dont cet arc fait partie.

Sur un pied TT' (Pl. Iʳᵉ, fig. 3), en forme de table, s'élèvent deux colonnes, EF, E'F', liées entre elles par deux traverses LL', EF'; un axe GH est maintenu entre ces deux traverses dans une position verticale. Ses deux extrémités G, H, terminées en pointes aiguës, entrent dans deux trous coniques pratiqués, l'un dans la traverse inférieure LL', l'autre à l'extrémité d'une vis KZ portée par la traverse supérieure FF', et destinée à presser l'axe GH sans le forcer. En C est fixé invariablement à cet axe un support QO dont l'extrémité O présente une charnière dans laquelle est engagé par son milieu un arc de cercle AA' formé d'un fil métallique qui reste constamment dans une position horizontale, et qui a pour rayon la distance du point O à l'axe GH. Cet arc est équilibré par un contrepoids Q, afin de diminuer le frottement de l'axe GH dans les trous coniques où ses extrémités sont reçues.

Au-dessous de l'arc AA' sont disposés deux augets M, M' pleins de mercure, de telle sorte que la surface du mercure, s'élevant au-dessus des bords, vienne toucher l'arc AA' en B et B'. Ces deux augets communiquent par des conducteurs métalliques, MN, M'N', avec des coupes P, P' pleines de mercure. La coupe P et le conducteur MN qui la réunit à l'auget M sont fixés à un axe vertical qui s'enfonce dans la table de manière à pouvoir tourner librement. La coupe P', à laquelle est attaché le conducteur M'N', est traversée par le même axe, autour duquel elle peut tourner aussi indépendamment de l'autre. Elle en est isolée par un tube de verre V qui enveloppe cet axe, et par une rondelle de verre U qui la sépare du conducteur de l'auget M, de manière qu'on peut disposer les conducteurs MN, M'N' sous l'angle qu'on veut.

Deux autres conducteurs IR, I'R' attachés à la table plongent respectivement dans les coupes P, P', et les font communiquer avec des cavités R, R' creusées dans la table et remplies de mercure. Enfin, une troisième cavité S pleine également de mercure se trouve entre les deux autres.

Voici la manière de faire usage de cet appareil : On fait plonger l'un des rhéophores, par exemple, le rhéophore positif dans la cavité R, et le rhéophore négatif dans la cavité S, qu'on met en communication avec la cavité R' par un conducteur curviligne d'une forme quelconque. Le courant suit le conducteur RI, passe dans la coupe P, de là dans le conducteur NM, dans l'auget M, le conducteur M'N', la coupe P', le conducteur I'R', et enfin de la cavité R' dans le con-

ducteur curviligne qui communique avec le mercure de la cavité S
où plonge le rhéophore négatif.

D'après cette disposition le circuit voltaïque total est formé :

1° De l'arc BB′ et des conducteurs MN, M′N′;

2° D'un circuit qui se compose des parties RIP, P′I′R′ de l'appareil,
du conducteur curviligne allant de R′ en S et de la pile elle-même.

Ce dernier circuit doit agir comme un circuit fermé, puisqu'il n'est
interrompu que par l'épaisseur du verre qui isole les deux coupes P,
P′ : il suffira donc d'observer son action sur l'arc BB′ pour constater
par l'expérience l'action d'un circuit fermé sur un arc dans les différentes positions qu'on peut donner à l'un et à l'autre.

Lorsqu'au moyen de la charnière O on met l'arc AA′ dans une position telle que son centre soit hors de l'axe GH, cet arc prend un
mouvement et glisse sur le mercure des augets M, M′ en vertu de
l'action du courant curviligne fermé qui va de R′ en S. Si au contraire son centre est dans l'axe, il reste immobile; d'où il suit que
les deux portions du circuit fermé qui tendent à le faire tourner en
sens contraires autour de l'axe exercent sur cet arc des moments de
rotation dont la valeur absolue est la même, et cela, quelle que soit
la grandeur de la partie BB′ déterminée par l'ouverture de l'angle des
conducteurs MN, M′N′. Si donc on prend successivement deux arcs
BB′ qui diffèrent peu l'un de l'autre, comme le moment de rotation
est nul pour chacun d'eux, il sera nul pour leur petite différence, et
par conséquent pour tout élément de circonférence dont le centre
est dans l'axe; d'où il suit que la direction de l'action exercée par le
circuit fermé sur l'élément passe par l'axe, et qu'elle est nécessairement perpendiculaire à l'élément.

Lorsque l'arc AA′ est situé de manière que son centre soit dans
l'axe, les portions de conducteur MN, M′N′ exercent sur l'arc BB′ des
actions répulsives égales et opposées, en sorte qu'il ne peut en résulter aucun effet; et puisqu'il n'y a pas de mouvement, on est
sûr qu'il n'y a pas de moment de rotation produit par le circuit
fermé.

Lorsque l'arc AA′ se meut dans l'autre situation où nous l'avions
d'abord supposé, les actions des conducteurs MN et M′N′ ne sont plus
égales : on pourrait croire que le mouvement n'est dû qu'à cette
différence; mais suivant qu'on approche ou qu'on éloigne le circuit
curviligne qui va de R′ en S, le mouvement est augmenté ou diminué,

ce qui ne permet pas de douter que le circuit fermé ne soit pour beaucoup dans l'effet observé.

Ce résultat ayant lieu, quelle que soit la longueur de l'axe AA', aura nécessairement lieu pour chacun des éléments dont cet arc est composé. Nous tirerons de là cette conséquence générale, que l'action d'un circuit fermé, ou d'un ensemble de circuits fermés quelconques, sur un élément infiniment petit d'un courant électrique, est perpendiculaire à cet élément.

C'est à l'aide d'un quatrième cas d'équilibre, dont il me reste à parler, qu'on peut achever de déterminer les cœfficients constants qui entrent dans ma formule, sans avoir recours, comme je l'avais d'abord fait, aux expériences où un aimant et un fil conducteur agissent l'un sur l'autre. Voici l'instrument à l'aide duquel cette détermination repose uniquement sur l'observation de ce qui a lieu quand ce sont deux fils conducteurs dont on examine l'action mutuelle.

Dans la table MN (Pl. Iʳᵉ, fig. 4), est creusée une cavité A, remplie de mercure, d'où part un conducteur fixe ABCDEFG formé d'une lame de cuivre, la portion CDE est circulaire, et les parties CBA, EFG sont isolées l'une de l'autre par la soie qui les recouvre. En G ce conducteur est soudé à un tube de cuivre GH, surmonté d'une coupe I, qui communique avec le tube par le support HI du même métal. De la coupe I part un conducteur mobile IKLMNPQRS, dont la portion MNP est circulaire; il est entouré de soie dans les parties MLK et PQR pour qu'elles soient isolées, et il est tenu horizontal au moyen d'un contre-poids a fixé sur une circonférence de cercle qu'un prolongement bcg de la lame dont est composé le conducteur mobile forme autour du tube GH. La coupe S est soutenue par une tige ST, ayant le même axe que GH, dont elle est isolée par une substance résineuse que l'on coule dans le tube. Le pied de la tige ST est soudé au conducteur fixe TUVXYZA', qui sort du tube GH par une ouverture assez grande pour que la résine l'en isole aussi complètement dans cet endroit qu'elle le fait dans le reste du tube GH, à l'égard de ST. Ce conducteur, à sa sortie du tube, est revêtu de soie pour empêcher la portion TUV de communiquer avec YZA'. Quant à la portion VXY, elle est circulaire, et l'extrémité A' plonge dans une seconde cavité A' creusée dans la table et pleine de mercure.

Les centres O, O', O" des trois portions circulaires sont en ligne droite; les rayons des cercles qu'elles forment sont en proportion

3

géométrique continue, et l'on place d'abord le conducteur mobile de manière que les distances OO′, O′O″ sont dans le même rapport que les termes consécutifs de cette proportion; de sorte que les cercles O et O′ forment un système semblable à celui des cercles O′ et O″. On plonge alors le rhéophore positif en A et le rhéophore négatif en A′, le courant parcourt successivement les trois cercles dont les centres sont en O, O′, O″, qui se repoussent deux à deux, parce que le courant va en sens opposés dans les parties voisines.

Le but de l'expérience qu'on fait avec cet instrument est de prouver que le conducteur mobile reste en équilibre dans la position où le rapport OO′ à O′O″ est le même que celui des rayons de deux cercles consécutifs, et que si on l'écarte de cette position il y revient en oscillant autour d'elle.

Je vais maintenant expliquer comment on déduit rigoureusement de ces cas d'équilibre la formule par laquelle j'ai représenté l'action mutuelle de deux éléments de courant voltaïque, en montrant que c'est la seule force agissant suivant la droite qui en joint les milieux qui puisse s'accorder avec ces données de l'expérience. Il est d'abord évident que l'action mutuelle de deux éléments de courants électriques est proportionnelle à leur longueur; car, en les supposant divisés en parties infiniment petites égales à leur commune mesure, toutes les attractions ou répulsions de ces parties, pouvant être considérées comme dirigées suivant une même droite, s'ajoutent nécessairement. Cette même action doit encore être proportionnelle aux intensités des deux courants. Pour exprimer en nombre l'intensité d'un courant quelconque, on concevra qu'on ait choisi un autre courant arbitraire pour terme de comparaison, qu'on ait pris deux éléments égaux dans chacun de ces courants, qu'on ait cherché le rapport des actions qu'ils exercent à la même distance sur un même élément de tout autre courant, dans la situation où il leur est parallèle et où sa direction est perpendiculaire aux droites qui joignent son milieu avec les milieux de deux autres éléments. Ce rapport sera la mesure d'une des intensités, en prenant l'autre pour unité.

Désignant donc par i et i' les rapports des intensités des deux courants donnés à l'intensité du courant pris pour unité, et par ds, ds' les longueurs des éléments que l'on considère dans chacun d'eux; leur action mutuelle, quand ils seront perpendiculaires à la ligne qui joint leurs milieux, parallèles entre eux et situés à l'unité de distance

l'un de l'autre, sera exprimée par $ii'dsds'$; que nous prendrons avec
le signe $+$ quand les deux courants, allant dans le même sens, s'at-
tireront, et avec le signe $-$ dans le cas contraire.

Si l'on voulait rapporter l'action des deux éléments à la pesanteur,
on prendrait pour unité de forces le poids de l'unité de volume d'une
matière convenue. Mais alors le courant pris pour unité ne serait plus
arbitraire ; il devrait être tel, que l'attraction entre deux de ses éléments ds, ds', situés comme nous venons de le dire, pût soutenir un
poids qui fût à l'unité de poids comme $dsds'$ est à 1. Ce courant une
fois déterminé, le produit $ii'dsds'$ désignerait le rapport de l'attraction de deux éléments d'intensités quelconques, toujours dans la
même situation, au poids qu'on aurait choisi pour unité de force.

Cela posé, si l'on considère deux éléments placés d'une manière
quelconque ; leur action mutuelle dépendra de leurs longueurs, des
intensités des courants dont ils font partie, et de leur position respective. Cette position peut se déterminer au moyen de la longueur r de
la droite qui joint leurs milieux, des angles θ et θ' que font, avec un
même prolongement de cette droite, les directions des deux éléments
pris dans le sens de leurs courants respectifs, et enfin de l'angle ω
que font entre eux les plans menés par chacune de ces directions et
par la droite qui joint les milieux des éléments.

La considération des diverses attractions ou répulsions observées
dans la nature me portait à croire que la force dont je cherchais l'expression, agissait de même en raison inverse de la distance ; je la supposai, pour plus de généralité, en raison inverse de la puissance $n^{ième}$ de
cette distance, n étant une constante à déterminer. Alors en repré-
sentant par ρ, la fonction inconnue des angles θ, θ', ω, j'eus $\dfrac{\rho ii'dsds'}{r^n}$

pour l'expression générale de l'action de deux éléments ds, ds' de deux
courants ayant pour intensités i et i'. Il me restait à déterminer la
fonction ρ, je considérai d'abord pour cela deux éléments ad, $a'd'$
(pl. Ire, fig. 5) parallèles entre eux, perpendiculaires à la droite qui
joint leurs milieux, et situés à une distance quelconque r l'un de
l'autre ; leur action étant exprimée d'après ce qui précède par
$\dfrac{ii'dsds'}{r^n}$, je supposai que ad restât fixe, et que $d'd'$ fût transporté

parallèlement à lui-même, de manière que son milieu fût toujours à
la même distance de celui de ad ; ω étant toujours nul, la valeur de

leur action mutuelle ne pouvait dépendre que des angles désignés ci-dessus par θ, θ', et qui, dans ce cas, sont égaux ou suppléments l'un de l'autre, selon que les courants sont dirigés dans le même sens ou en sens opposés; je trouvai ainsi pour cette valeur $\dfrac{ii'\,\mathrm{d}s\,\mathrm{d}s'\varphi(\theta,\,\theta')}{r^{n}}$.

En nommant k la constante positive ou négative à laquelle se réduit $\varphi(\theta,\,\theta')$ quand l'élément $a'd'$ est en $a'''d'''$ dans le prolongement de ad, et dirigé dans le même sens, j'obtins $\dfrac{kii'\,\mathrm{d}s\,\mathrm{d}s'}{r^{n}}$ pour l'expression de l'action de ad sur $a'''b'''$; dans cette expression la constante k représente le rapport de l'action de ad sur ad''' à celle de ad sur $a'd'$, rapport indépendant de la distance r, des intensités i, i', et des longueurs $\mathrm{d}s$, $\mathrm{d}s'$ des deux éléments que l'on considère.

Ces valeurs de l'action électro-dynamique, dans les deux cas les plus simples, suffisent pour trouver la forme générale de la fonction ρ, en partant de l'expérience qui montre que l'attraction d'un élément rectiligne infiniment petit est la même que celle d'un autre élément sinueux quelconque, terminé aux deux extrémités du premier, et de ce théorème que je vais établir, savoir : qu'une portion infiniment petite de courant électrique n'exerce aucune action sur une autre portion infiniment petite d'un courant situé dans un plan qui passe par son milieu, et qui est perpendiculaire à sa direction. En effet, les deux moitiés du premier élément produisent sur le second des actions égales, l'une attractive et l'autre répulsive, parce que dans l'une de ces moitiés le courant va en s'approchant et dans l'autre en s'éloignant de la perpendiculaire commune. Or, ces deux forces égales font un angle qui tend vers deux angles droits à mesure que l'élément tend vers zéro. Leur résultante est donc infiniment petite par rapport à ces forces, et doit par conséquent être négligée dans le calcul. Cela posé, soient Mm (fig. 6) $= \mathrm{d}s$ et $M'm = \mathrm{d}s'$, deux éléments de courants électriques, dont les milieux soient aux points A et A'; faisons passer le plan $MA'm$ par la droite AA' qui les joint, et par l'élément Mm. Substituons à la portion de courant $\mathrm{d}s$ qui parcourt cet élément, sa projection $Nn = \mathrm{d}s\cos\theta$ sur la droite AA', et sa projection $Pp = \mathrm{d}s\sin\theta$ sur la perpendiculaire élevée en A cette droite dans le plan $MA'm$; substituons ensuite à la portion de courant $\mathrm{d}s'$ qui parcourt $M'm'$ sa projection $N'n' = \mathrm{d}s'\cos\theta$ sur la droite AA' et sa projection $P'p' = \mathrm{d}s'\sin.\theta'$ sur la perpendiculaire à

AA′ menée par le point A′ sur AA′ dans le plan M′Am′ ; remplaçons enfin cette dernière par sa projection T′ t′ $=$ ds′ sin θ′ cos ω sur le plan MA′m et par sa projection U′u′ $=$ ds′sin θ′ sin ω sur la perpendiculaire à ce plan menée par le point A′ ; d'après la loi établie ci-dessus, l'action des deux éléments ds et ds′ sera la même que celle de l'assemblage des deux portions de courants ds cos θ et ds sin θ sur celui des trois portions ds′ cos θ′, ds′sin θ′cos ω, ds′sin θ′sin ω ; cette dernière ayant son milieu dans le plan MAm auquel elle est perpendiculaire, il n'y aura aucune action entre elle et les deux portions ds cos θ, ds sin θ, qui sont dans ce plan. Il ne pourra non plus, par la même raison, y en avoir aucune entre les portions ds cos θ, ds′ sin θ′ cos. ω, ni entre les portions ds sin θ, ds′ cos θ′, puisqu'en concevant par la droite AA′ un plan perpendiculaire au plan MA′m, ds cos θ et ds′ cos θ′ se trouvent dans ce plan, et que les portions ds′ sin θ′ cos ω et ds sin θ lui sont perpendiculaires et ont leurs milieux dans ce même plan. L'action des deux éléments ds et ds′ se réduit donc à la réunion des deux actions restantes, savoir : l'action mutuelle de ds sin θ et de ds′sin θ′ cos ω et à celle de ds cos θ et de ds′ cos θ′, ces deux actions étant toutes deux dirigées suivant la droite AA′ qui joint les milieux des portions de courants entre lesquelles elles s'exercent, il suffit de les ajouter pour avoir l'action mutuelle des deux éléments ds et d s′. Or les portions ds sin θ et ds′sin θ′cos ω sont dans un même plan, et toutes deux perpendiculaires à la droite AA′ ; leur action mutuelle suivant cette droite est donc, d'après ce que nous venons de voir, égale à

$$\frac{ii'\,\mathrm{d}s\,\mathrm{d}s'\sin\theta\sin\theta'\cos\omega}{r^n}$$

et celle des deux portions ds cos θ et ds′ cos θ′ dirigée suivant la même droite AA′, a pour valeur

$$\frac{kii'\,\mathrm{d}s\,\mathrm{d}s'\cos\theta\cos\theta'}{r^n},$$

et par conséquent l'action des deux éléments ds, ds′ l'un sur l'autre est nécessairement exprimée par

$$\frac{ii'\,\mathrm{d}s\,\mathrm{d}s'}{r^n}\,(\sin\theta\sin\theta'\cos\omega + k\cos\theta\cos\theta').$$

On simplifie cette formule en y introduisant l'angle ε des deux éléments au lieu de ω; car en considérant le triangle sphérique dont les
côtés seraient θ, θ', ε, on a

$$\cos \varepsilon = \cos \theta \cos \theta' + \sin \theta \sin \theta' \cos \omega;$$

d'où

$$\sin \theta \sin \theta' \cos \omega = \cos \varepsilon - \cos \theta \cos \theta',$$

substituant dans la formule précédente et faisant $k - 1 = h$, elle devient

$$\frac{ii' \, ds \, ds'}{r^n} (\cos \varepsilon + h \cos \theta \cos \theta'),$$

et il est bon de remarquer qu'elle change de signe quand un seul des
courants, par exemple celui de l'élément ds, prend une direction dia-
métralement opposée à celle qu'il avait, car alors $\cos \theta$ et $\cos \varepsilon$ changent de signe, et $\cos \theta'$ reste le même. Cette valeur de l'action mutuelle de deux éléments n'a été déduite que de la substitution des projections d'un élément à cet élément même; mais il est facile de
s'assurer qu'elle exprime qu'on peut substituer à un élément un contour polygonal quelconque, et par suite un arc quelconque de courbe
terminé aux mêmes extrémités, pourvu que toutes les dimensions de
ce polygone ou de cette courbe soient infiniment petites.

Soient, en effet, ds_1, ds_2,... ds_m les différents côtés du polygone infiniment petit substitué à ds; la direction AA' pourra toujours être
considérée comme celle des lignes qui joignent les milieux respectifs
de ces côtés avec A'.

Soient θ_1, θ_2... θ_m les angles qu'ils font respectivement avec AA'; et
ε_1, ε_2,... ε_m ceux qu'ils font avec $M'm'$, en désignant, suivant l'usage,
par Σ une somme de termes de même forme, la somme des actions
des côtés ds_1 ds_2,... ds_m sur ds', sera

$$\frac{ii' \, ds'}{r^n} (\Sigma ds_1 \cos \varepsilon_1 + h \cos \theta' \Sigma ds_1 \cos \theta_1).$$

Or $\Sigma ds_1 \cos \varepsilon_1$ est la projection du contour polygonal sur la direction de ds' et est par conséquent égal à la projection de ds sur la
même direction, c'est-à-dire à $ds \cos \varepsilon$; de même $\Sigma ds_1 \cos \theta_1$ est égal
à la projection de ds sur AA' qui est $ds \cos \theta$; l'action exercée sur ds'

par le contour polygonal terminé aux extrémités de ds a donc pour expression

$$\frac{ii'\,ds'}{r^n}\,(ds\cos\varepsilon + h\,ds\cos\theta\cos\theta')$$

et est la même que celle de ds sur ds'.

Cette conséquence étant indépendante du nombre des côtés $ds_1\,ds_2,\ldots ds_m$, aura lieu pour un arc infiniment petit d'une courbe quelconque.

On prouverait semblablement que l'action de ds' sur ds, peut être remplacée par celle qu'une courbe infiniment petite quelconque, dont les extrémités seraient les mêmes que celles de ds', exercerait sur chacun des éléments de la petite courbe que nous avons déjà substituée à ds, et par conséquent sur cette petite courbe elle-même. Ainsi la formule que nous avons trouvée exprime qu'un élément curviligne quelconque produit le même effet que la portion infiniment petite de courant rectiligne terminée aux mêmes extrémités, quelles que soient d'ailleurs les constantes n et h. L'expérience par laquelle on constate ce résultat ne peut donc servir en rien à déterminer ces constantes.

Nous aurons alors recours aux deux autres cas d'équilibre dont nous avons déjà parlé. Mais auparavant nous transformerons l'expression précédente de l'action de deux éléments de courants voltaïques, en y introduisant les différentielles partielles de la distance de ces deux éléments.

Soient x, y, z, les coordonnées du premier point, et x', y', z' celles du second, il viendra

$$\cos\theta = \frac{x-x'}{r}\frac{dx}{ds} + \frac{y-y'}{r}\frac{dy}{ds} + \frac{z-z'}{r}\frac{dz}{ds},$$

$$\cos\theta' = \frac{x-x'}{r}\frac{dx'}{ds'} + \frac{y-y'}{r}\frac{dy'}{ds'} + \frac{z-z'}{r}\frac{dz'}{ds'},$$

mais on a

$$r^2 = (x-x')^2 + (y-y')^2 + (z-z')^2,$$

d'où, en prenant successivement les coefficients différentiels partiels par rapport à s et s',

$$r\frac{\mathrm{d}r}{\mathrm{d}s} = (x-x')\frac{\mathrm{d}x}{\mathrm{d}s} + (y-y')\frac{\mathrm{d}y}{\mathrm{d}s} + (z-z')\frac{\mathrm{d}z}{\mathrm{d}s},$$

$$r\frac{\mathrm{d}r'}{\mathrm{d}s'} = -(x-x')\frac{\mathrm{d}x'}{\mathrm{d}s'} - (y-y')\frac{\mathrm{d}y'}{\mathrm{d}s'} - (z-z')\frac{\mathrm{d}z'}{\mathrm{d}s'}.$$

ainsi

$$\cos\theta = \frac{\mathrm{d}r}{\mathrm{d}s}, \quad \cos\theta' = -\frac{\mathrm{d}r}{\mathrm{d}s'}.$$

Pour avoir la valeur de $\cos\varepsilon$, nous observerons que

$$\frac{\mathrm{d}x}{\mathrm{d}s}, \frac{\mathrm{d}y}{\mathrm{d}s}, \frac{\mathrm{d}z}{\mathrm{d}s}, \quad \text{et} \quad \frac{\mathrm{d}x'}{\mathrm{d}s'}, \frac{\mathrm{d}y'}{\mathrm{d}s'}, \frac{\mathrm{d}z'}{\mathrm{d}s'}$$

sont les cosinus des angles que $\mathrm{d}s$ et $\mathrm{d}s'$ forment avec les trois axes, et nous en conclurons

$$\cos\varepsilon = \frac{\mathrm{d}x}{\mathrm{d}s}\cdot\frac{\mathrm{d}x'}{\mathrm{d}s'} + \frac{\mathrm{d}y}{\mathrm{d}s}\cdot\frac{\mathrm{d}y'}{\mathrm{d}s'} + \frac{\mathrm{d}z}{\mathrm{d}s}\cdot\frac{\mathrm{d}z'}{\mathrm{d}s'}.$$

Or, en différentiant par rapport à s' l'équation précédente qui donne $r\frac{\mathrm{d}r}{\mathrm{d}s}$, on trouve

$$r\cdot\frac{\mathrm{d}^2r}{\mathrm{d}s\,\mathrm{d}s'} + \frac{\mathrm{d}r}{\mathrm{d}s}\cdot\frac{\mathrm{d}r}{\mathrm{d}s'} = -\frac{\mathrm{d}x}{\mathrm{d}s}\cdot\frac{\mathrm{d}x'}{\mathrm{d}s'} - \frac{\mathrm{d}y}{\mathrm{d}s}\cdot\frac{\mathrm{d}y'}{\mathrm{d}s'} - \frac{\mathrm{d}z}{\mathrm{d}s}\cdot\frac{\mathrm{d}z'}{\mathrm{d}s'} = -\cos\varepsilon.$$

Si l'on substitue, dans la formule qui représente l'action mutuelle des deux éléments $\mathrm{d}s$, $\mathrm{d}s'$, au lieu de $\cos\theta$, $\cos\theta'$, $\cos\varepsilon$, les valeurs que nous venons d'obtenir, cette formule deviendra, en remplaçant $1+h$ par son égal k,

$$-\frac{ii'\,\mathrm{d}s\,\mathrm{d}s'}{r^n}\left(r\,\frac{\mathrm{d}^2r}{\mathrm{d}s\,\mathrm{d}s'} + k\,\frac{\mathrm{d}r}{\mathrm{d}s}\cdot\frac{\mathrm{d}r}{\mathrm{d}s'}\right),$$

qu'on peut mettre sous la forme

$$-\frac{ii'\,\mathrm{d}s\,\mathrm{d}s'}{r^n}\cdot\frac{1}{r^{k-1}}\cdot\frac{\mathrm{d}\left(r^k\dfrac{\mathrm{d}r}{\mathrm{d}s}\right)}{\mathrm{d}s'},$$

ou enfin

$$ii'r^{1-n-k}\frac{d\left(r^k\frac{dr}{ds}\right)}{ds'}\,ds\,ds'.$$

On pourrait encore lui donner la forme suivante :

$$-\frac{ii'}{1+k}\,r^{1-n-k}\frac{d^2(r^{1+k})}{ds\,ds'}\,ds\,ds'.$$

Examinons maintenant ce qui résulte du troisième cas d'équilibre dont nous avons parlé, et qui démontre que la composante de l'action d'un circuit fermé quelconque sur un élément, suivant la direction de cet élément, est toujours nulle, quelle que soit la forme du circuit. En désignant par ds' l'élément en question, l'action d'un élément ds du circuit fermé sur ds' sera, d'après ce qui précède,

$$-\,ii'ds'\cdot r^{1-n-k}\frac{d\left(r^k\frac{dr}{ds}\right)}{ds}\,ds,$$

ou, en remplaçant $\frac{dr}{ds'}$ par $-\cos\theta'$,

$$ii'ds'r^{1-n-k}\frac{d(r^k\cos\theta')}{ds}\,ds;$$

la composante de cette action suivant ds' s'obtiendra en multipliant cette expression par $\cos\theta'$, et sera

$$ii'ds'r^{1-n-k}\cos\theta'\frac{d(r^k\cos\theta')}{ds}\,ds.$$

Cette différentielle intégrée dans toute l'étendue du circuit s donnera la composante tangente totale, et devra être nulle, quelle que soit la forme de ce circuit. En l'intégrant par partie, après l'avoir écrite ainsi

$$ii'ds'r^{1-n-2k}r^k\cos\theta'\frac{d(r^k\cos\theta')}{ds}\,ds,$$

nous aurons

$$\frac{1}{2}\, ii'\, \mathrm{d}s' \left[r^{1-n} \cos^2\theta' - (1 - n - 2k) \int r^{-n} \cos^2\theta'\, \mathrm{d}r \right].$$

Le premier terme $r^{1-n} \cos^2\theta'$ s'évanouit aux limites. Quant à l'intégrale $\int r^{-n} \cos^2\theta'\mathrm{d}r$, il est très facile de concevoir un circuit fermé pour lequel elle ne se réduise pas à zéro. En effet, si on coupe ce circuit par des surfaces sphériques très rapprochées ayant pour centre le milieu de l'élément $\mathrm{d}s'$, les deux points où chacune de ces sphères coupera le circuit donneront la même valeur pour r et des valeurs égales et de signes contraires pour $\mathrm{d}r$; mais les valeurs de $\cos^2\theta'$ pourront être différentes, et il y aura une infinité de manières de faire en sorte que les carrés de tous les cosinus relatifs aux points situés d'un même côté entre les points extrêmes du circuit soient moindres que ceux relatifs aux points correspondants de l'autre côté; or, dans ce cas, l'intégrale ne s'évanouira pas; et comme l'expression ci-dessus doit être nulle, quelle que soit la forme du circuit, il faut donc que le coefficient $1 - n - 2k$ de cette intégrale soit nul, ce qui donne entre n et k cette première relation $1 - n - 2k = 0$.

Avant de chercher une seconde équation pour déterminer ces deux constantes, nous commencerons par prouver que k est négatif, et, par conséquent, que $n = 1 - 2k$ est plus grand que 1; nous aurons recours pour cela à un fait bien facile à constater par l'expérience, savoir qu'un conducteur rectiligne indéfini attire un circuit fermé, quand le courant électrique de ce circuit va dans le même sens que celui du conducteur dans la partie qui en est la plus voisine, et qu'il le repousse dans le cas contraire.

Soit UV (fig. 7) le conducteur rectiligne indéfini; supposons pour plus de simplicité que le circuit fermé THKT'K'H' soit dans le même plan que le fil conducteur UV, et cherchons l'action exercée par un élément quelconque MM' de ce dernier. Pour cela tirons du milieu A de cet élément des rayons vecteurs à tous ces points du circuit, et cherchons l'action perpendiculaire à UV exercée par cet élément sur le circuit.

La composante perpendiculaire à UV de l'action exercée par $\mathrm{MM}' = \mathrm{d}s'$ sur un élément $\mathrm{KH} = \mathrm{d}s$ s'obtiendra en multipliant l'expression de cette action par $\sin \theta'$; elle sera donc, on observant que $1 - n - 2k = o$,

$$ii'\,ds'\sin\theta' r'^k \frac{d(r'^k\cos\theta')}{ds}\,ds,$$

ou

$$\frac{1}{2}\,ii'\,ds'\tan\theta'\frac{d(r'^{2k}\cos^2\theta')}{ds}\,ds,$$

expression qui doit être intégrée dans toute l'étendue du circuit. L'intégration par parties donnera

$$\frac{1}{2}\,ii'\,ds'\left(r'^{2k}\sin\theta'\cos\theta' - \int r'^{2k}d\theta'\right).$$

Le premier terme s'évanouissant aux limites, il reste seulement

$$-\frac{1}{2}\,ii'\,ds'\int r'^{2k}d\theta',$$

Considérant maintenant les deux éléments KH, K'H' compris entre les deux mêmes rayons consécutifs, $d\theta'$ est le même de part et d'autre, mais doit être pris avec un signe contraire, en sorte qu'en faisant $\mathrm{AH} = r$, $\mathrm{AH'} = r'$, on a pour l'action réunie des deux éléments

$$-\frac{1}{2}\,ii'\,ds'\left[\int(r'^{2k} - r^{2k})d\theta'\right],$$

où nous supposons que r' est plus grand que r. Le terme de cette intégrale qui résulte de l'action de la partie THT' convexe vers UV l'emportera sur celui qui est produit par l'action de la partie concave TH'T' si k est négatif; le contraire aura lieu si k est positif, et il n'y aura pas d'action si k est nul. Les mêmes conséquences ayant lieu pour tous les éléments de UV, il s'ensuit que la partie convexe vers UV aura plus d'influence sur le mouvement du circuit que la partie concave, si $k < o$, autant si $k = o$, et moins si $k > o$. Or l'expérience prouve qu'elle en a davantage. On a donc $k < o$, et par suite $n > 1$, puisque $n = 1 - 2k$.

On déduit de là cette conséquence remarquable, que les parties d'un même courant rectiligne se repoussent ; car si l'on fait $\theta = o$, $\theta' = o$, la formule qui donne l'attraction de deux éléments, devient $\frac{kii'\,ds\,ds'}{r^n}$; et comme elle est négative, puisque k l'est, il y a répulsion.

C'est ce que j'ai vérifié par l'expérience que je vais décrire. On prend un vase de verre PQ (fig. 8) séparé par la cloison MN en deux compartiments égaux et remplis de mercure, on y place un fil de cuivre recouvert de soie ABCDE, dont les branches AB, ED, situées parallèlement à la cloison MN, flottent sur le mercure avec lequel communiquent les extrémités nues A et E de ces branches. En mettant les rhéophores dans les capsules S et T, dont le mercure communique avec celui du vase PQ par les portions du conducteur hH, kK, on établit deux courants, dont chacun a pour conducteur une partie de mercure et une partie solide : quelle que soit la direction du courant, on voit toujours les deux fils AB, ED marcher parallèlement à la cloison MN en s'éloignant des points H et K, ce qui indique une répulsion pour chaque fil entre le courant établi dans le mercure et son prolongement dans le fil lui-même. Suivant le sens du courant, le mouvement du fil de cuivre est plus ou moins facile, parce que, dans un cas, l'action exercée par le globe sur la portion BCD de ce fil, s'ajoute à l'effet obtenu, et que dans l'autre, au contraire, elle le diminue et doit en être retranchée.

Examinons maintenant l'action qu'exerce un courant électrique formant un circuit fermé, ou un système de courants formant aussi des circuits fermés, sur un élément de courant électrique.

Prenons l'origine des coordonnées au milieu A (fig. 9) de l'élément proposé M'N', et nommons λ, μ, ν, les angles qu'il fait avec les trois axes. Soit MN un élément quelconque du courant formant un circuit fermé, ou d'un des courants formant également des circuits fermés dont se compose le système de courants que l'on considère, en nommant ds' et ds les éléments M'N', MN, r la distance AA' de leurs milieux et θ' l'angle du courant M'N' avec AA', la formule que nous avons trouvée précédemment pour exprimer l'action mutuelle des deux éléments deviendra, en y remplaçant $\frac{dr}{ds}$ par $-\cos\theta'$,

$$ii''\,ds'r^k\,\frac{d(r^n\cos\theta')\,ds}{ds}.$$

Les angles que AA′ fait avec les trois axes ayant pour cosinus $\frac{x}{r}$, $\frac{y}{r}$, $\frac{z}{r}$, on a

$$\cos \theta' = \frac{x}{r} \cos \lambda + \frac{y}{r} \cos \mu + \frac{z}{r} \cos \nu;$$

en substituant cette valeur à $\cos \theta$, et en multipliant par $\frac{x}{r}$, nous trouverons pour l'expression de la composante suivant l'axe des x,

$$ii'' ds' r^{k-1} x\, d(r^{k-1} x \cos \lambda + r^{k-1} y \cos \mu + r^{k-1} z \cos \nu),$$

le signe d se rapportant seulement, excepté dans le facteur ds', aux différentielles prises en ne faisant varier que s, cette expression peut s'écrire ainsi

$$= ii' ds' \left[\cos \lambda r^{k-1} x\, d(r^{k-1} x) + \frac{x \cos \mu}{y} r^{k-1} y\, d(r^{k-1} y) + \frac{x \cos \nu}{z} r^{k-1} z\, d(r^{k-1} z) \right]$$

$$= \frac{1}{2} ii' ds' \left[\cos \lambda\, d(r^{2k-2} x^2) + \frac{x}{y} \cos \mu\, d(r^{2k-2} y^2) + \frac{x}{z} \cos \nu\, d(r^{2k-2} z^2) \right]$$

$$= \frac{1}{2} ii' ds' \left[d\, \frac{x^2 \cos \lambda + xy \cos \mu + xz \cos \nu}{r^{n+1}} - \frac{y^2 \cos \mu}{r^{n+1}} d\, \frac{x}{y} - \frac{z^2 \cos \nu}{r^{n+1}} d\, \frac{x}{y} \right]$$

$$= \frac{1}{2} ii' ds' \left[d\, \frac{x \cos \theta'}{r^n} + \frac{x\, dy - y\, dx}{r^{n+1}} \cos \mu - \frac{z\, dx - x\, dz}{r^{n+1}} \cos \nu \right],$$

en remplaçant $2k - 2$ par sa valeur $-n-1$.

Si l'on représente par r_1, x_1, θ'_1, et r_2, x_2, θ'_2, les valeurs de r, x, θ', aux deux extrémités de l'arc s et par X la résultante suivant l'axe des x de toutes les forces exercées par les éléments de cet arc sur ds', on aura

$$X = \frac{1}{2} ii' ds' \left[\frac{x_2 \cos \theta'_2}{r_2^n} - \frac{x_1 \cos \theta'_1}{r_1^n} + \cos \mu \int \frac{x\, dy - y\, dx}{r^{n+1}} - \cos \nu \int \frac{z\, dx - x\, dz}{r^{n+1}} \right].$$

Si cet arc forme un circuit fermé r_2, x_2, θ'_2, seront égaux à r_1, x_1, θ'_1, et la valeur de X se réduira à

$$X = \frac{1}{2} ii' ds' \left[\cos \mu \int \frac{x\, dy - y\, dx}{r^{n+1}} - \cos \nu \int \frac{z\, dx - x\, dz}{r^{n+1}} \right].$$

En désignant par Y et Z les forces suivant les axes des y et des z résultant de l'action des mêmes éléments sur ds', on trouvera par un calcul semblable

$$Y = \frac{1}{2} ii' ds' \left[\cos \nu \int \frac{y\,dz - z\,dy}{r^{n+1}} - \cos \lambda \int \frac{x\,dy - y\,dx}{r^{n+1}} \right],$$

$$Z = \frac{1}{2} ii' ds' \left[\cos \lambda \int \frac{z\,dx - x\,dz}{r^{n+1}} - \cos \mu \int \frac{y\,dz - z\,dy}{r^{n+1}} \right],$$

et en faisant

$$\int \frac{y\,dz - z\,dy}{r^{n+1}} = A, \quad \int \frac{z\,dx - x\,dz}{r^{n+1}} = B, \quad \int \frac{x\,dy - y\,dx}{r^{n+1}} = C,$$

il viendra

$$X = \frac{1}{2} ii' ds' (C \cos \mu - B \cos \nu),$$

$$Y = \frac{1}{2} ii' ds' (A \cos \nu - C \cos \lambda),$$

$$Z = \frac{1}{2} ii' ds' (B \cos \lambda - A \cos \mu).$$

En multipliant la première de ces équations par A, la seconde par B et le troisième par C, on trouve $AX + BY + CZ = 0$; et si l'on conçoit par l'origine une droite A'E qui fasse avec les axes des angles dont les cosinus soient respectivement

$$\frac{A}{D} = \cos \xi_1, \quad \frac{B}{D} = \cos \eta_1, \quad \frac{C}{D} = \cos \zeta_1,$$

en supposant, pour abréger,

$$\sqrt{A^2 + B^2 + C^2} = D,$$

elle sera perpendiculaire sur la résultante R des trois forces X, Y, Z, qui fait avec les axes des angles dont les cosinus sont

$$\frac{X}{R}, \quad \frac{Y}{R}, \quad \frac{Z}{R},$$

puisqu'on a, en vertu de l'équation précédente,

$$\frac{A}{D} \cdot \frac{X}{R} + \frac{B}{D} \cdot \frac{Y}{R} + \frac{C}{D} \cdot \frac{Z}{R} = 0.$$

Il est à remarquer que la droite que nous venons de déterminer est tout à fait indépendante de la direction de l'élément M′N′; car elle se déduit immédiatement des intégrales A, B, C qui ne dépendent que du circuit fermé et de la position des plans coordonnés, et qui sont les sommes des projections sur les plans coordonnés des aires des triangles qui ont leur sommet au milieu de l'élément ds′, et pour bases les différents éléments des circuits fermés s, toutes ces aires étant divisées par la puissance $n + 1$ du rayon vecteur r. La résultante étant perpendiculaire sur cette droite A′E que je nommerai directrice, elle se trouve, quelle que soit la direction de l'élément, dans le plan élevé au point A′ perpendiculairement à A′E; je donnerai à ce plan le nom de plan directeur. Si l'on fait la somme des carrés de X, Y, Z, on trouvera pour valeur de la résultante de l'action du circuit unique ou de l'ensemble de circuits que l'on considère,

$$R = \tfrac{1}{2} D i i' \, ds' \sqrt{(\cos\zeta_1 \cos\mu - \cos\eta_1 \cos\nu)^2 + (\cos\xi_1 \cos\nu - \cos\zeta_1 \cos\lambda)^2 + (\cos\eta_1 \cos\lambda - \cos\xi_1 \cos\mu)^2},$$

ou, en appelant ε l'angle de l'élément ds′ avec la directrice,

$$R = \tfrac{1}{2} D i i' \, ds' \sin\varepsilon.$$

Il est facile de déterminer la composante de cette action dans un plan donné passant par l'élément ds′ et faisant un angle φ avec le plan mené par ds′ et la directrice. En effet, la résultante R étant perpendiculaire à ce dernier plan, sa composante sur le plan donné sera

$$R \sin\varphi, \quad \text{ou} \quad \tfrac{1}{2} D i i' \, ds' \sin\varepsilon \sin\varphi.$$

Or, $\sin\varepsilon \sin\varphi$ est égal au sinus de l'angle ψ que la directrice fait avec le plan donné. C'est ce que l'on déduit immédiatement de l'angle trièdre formé par ds′, par la directrice et par sa projection sur le plan donné. La composante dans ce plan aura donc pour expression

$$\tfrac{1}{2} D i i' \, ds' \sin\psi.$$

Cette expression peut se mettre sous une autre forme en observant que ψ est le complément de l'angle que fait la directrice avec la normale au plan dans lequel on considère l'action. On a donc, en nommant ξ, η, ζ les angles que cette dernière droite forme avec les trois axes,

$$\sin \psi = \frac{A}{D} \cos \xi + \frac{B}{D} \cos \eta + \frac{C}{D} \cos \zeta,$$

et l'expression de l'action devient

$$\frac{1}{2} ii' \, ds' (A \cos \xi + B \cos \eta + C \cos \zeta),$$

ou

$$\frac{1}{2} U ii' \, ds',$$

en faisant

$$U = A \cos \xi + B \cos \eta + C \cos \zeta.$$

On voit que cette action est indépendante de la direction de l'élément dans le plan que l'on considère, nous la désignerons sous le nom d'action exercée dans ce plan, et nous conclurons de ce qu'elle reste la même lorsqu'on donne successivement à l'élément différentes directions dans un même plan, que si celle que la terre exerce sur un conducteur mobile dans un plan fixe est produite par des courants électriques formant des circuits fermés, et dont les distances au conducteur sont assez grandes pour être considérées comme constantes pendant qu'il se meut dans ce plan, elle aura toujours la même valeur dans les différentes positions que prendra successivement le conducteur, parce que les actions exercées sur chacun des éléments dont il est composé restant toujours les mêmes et toujours perpendiculaires à ces éléments, leur résultante ne pourra varier ni dans sa grandeur ni dans sa direction relativement au conducteur. Cette direction changera d'ailleurs dans le plan fixe en y suivant le mouvement de ce conducteur : c'est en effet ce qu'on observe à l'égard d'un conducteur qui est mobile dans un plan horizontal, et qu'on dirige successivement dans divers azimuts :

On peut vérifier ce résultat par l'expérience suivante : dans un disque de bois ABCD (fig. 10), on creuse une rigole circulaire KLMN dans laquelle on place deux vases en cuivre KL, MN de même forme, et qui occupent chacun presque la demi-circonférence de la rigole de manière cependant qu'il reste entre eux deux intervalles KN, LM, qu'on remplit d'un mastic isolant ; à chacun de ces vases sont soudées les deux lames de cuivre PQ, RS, incrustées dans le disque et qui portent les coupes X, Y, destinées à mettre, au moyen du mercure qu'elles contiennent, les vases KL, MN, en communication avec les rhéophores d'une très forte pile ; dans le disque est incrustée une autre lame TO portant la coupe Z, où l'on met aussi un peu de mercure ; cette lame TO est soudée au centre O du disque à une tige verticale sur laquelle est soudée une quatrième coupe U, dont le fond est garni d'un morceau de verre ou d'agate pour rendre plus mobile le sautoir dont nous allons parler, mais dont les bords sont assez élevés pour être en communication avec le mercure qu'on met dans cette coupe ; elle reçoit la pointe V (fig. 11) qui sert de pivot au sautoir FGHI, dont les branches EG, EI, sont égales entre elles et soudées en G et I aux lames gxh, iyf qui plongent dans l'eau acidulée des vases KL, MN, lorsque la pointe V repose sur le fond de la coupe U, et qui sont attachées par leurs autres extrémités h, f aux branches EH, EF, sans communiquer avec elles. Ces deux lames sont égales et semblables et pliées en arcs de cercle d'environ 90°. Lorsqu'on plonge les rhéophores, l'un dans la coupe Z, l'autre dans l'une des deux coupes X ou Y, le courant ne passe que par une des branches du sautoir, et l'on voit celui-ci tourner sur la pointe V par l'action de la terre, de l'est à l'ouest par le midi quand le courant va de la circonférence au centre, et dans le sens contraire quand il va du centre à la circonférence, conformément à l'explication que j'ai donnée de ce phénomène, et qu'on peut voir dans mon *Recueil d'Observations électro-dynamiques*, page 284. Mais lorsqu'on les plonge dans les coupes X et Y, le courant parcourant en sens contraires les deux branches EG, EI, le sautoir reste immobile dans quelque situation qu'on l'ait placé, quand, par exemple, une des branches est parallèle et l'autre perpendiculaire au méridien magnétique, et cela lors même qu'en frappant légèrement sur le disque ABCD, on augmente, par les petites secousses qui en résultent, la mobilité de l'instrument. En pliant un peu les branches du sautoir autour du point E, on peut leur faire faire différents angles, et le résultat de l'expérience est toujours le même. Il s'ensuit évidemment que la force avec laquelle la terre agit sur une portion de conducteur, perpendiculairement à sa direction, pour la mouvoir dans un plan horizontal, et, par conséquent,

5

dans un plan donné de position à l'égard du système des courants
terrestres, est la même, quelle que soit la direction, dans ce plan, de
la portion de conducteur, ce qui est précisément le résultat de calcul
qu'il s'agissait de vérifier.

Il est bon de remarquer que l'action des courants de l'eau acidulée
sur leurs prolongements dans les lames *gh*, *if* ne trouble en aucune
manière l'équilibre de l'appareil; car il est aisé de voir que l'action
dont il est ici question tend à faire tourner la lame *gh* autour de la
pointe V dans le sens *hxg*, et la lame *if* dans le sens *fyi*, d'où résulte,
à cause de l'égalité de ces lames, deux moments de rotations égaux
et de signes contraires qui se détruisent.

On sait que c'est à M. Savary qu'est due l'expérience par laquelle
on constate cette action; cette expérience peut se faire plus commo-
dément en remplaçant la spirale en fil de cuivre de l'appareil dont il
s'est d'abord servi, par une lame circulaire du même métal. Cette
lame ABC (fig. 12) forme un arc de cercle presque égal à une circonférence entière; mais ses extrémités A et C sont séparées l'une de
l'autre par un morceau D d'une substance isolante. On met une de
ses extrémités A, par exemple, en communication avec un des rhéophores par la pointe O qu'on place dans la coupe S (fig. 13) pleine de
mercure; celle-ci est jointe par le fil métallique STR à la coupe R
dans laquelle plonge un des rhéophores. Cette pointe O (fig. 12) communique avec l'extrémité A par le fil de cuivre AEQ dont le prolongement QF soutient en F la lame ABC par un anneau de substance
isolante, qui entoure en ce point le fil de cuivre. Lorsque la pointe O
repose sur le fond de la coupe S (fig. 13), la lame ABC (fig. 12) plonge
dans l'eau acidulée contenue dans le vase de cuivre MN (fig.13) qui communique avec la coupe P où se rend l'autre rhéophore; on voit alors
tourner cette lame dans le sens CBA, et pourvu que la pile soit assez
forte, le mouvement reste toujours dans ce sens lorsqu'on renverse les
communications avec la pile, en changeant réciproquement les deux
rhéophores de la coupe P à la coupe R, ce qui prouve que ce mouvement
n'est point dû à l'action de la terre et ne peut venir que de celle que les
courants de l'eau acidulée exercent sur le courant de la lame circulaire ABC (fig. 12), action qui est toujours répulsive, parce que si GH
représente un des courants de l'eau acidulée qui se prolonge en HK
dans la lame ABC, quel que soit le sens de ce courant, il parcourra
évidemment l'un des côtés de l'angle GHK en s'approchant, et l'autre

en s'éloignant du sommet H. Mais il faut, pour que le mouvement qu'on observe dans ce cas ait lieu, que la répulsion entre deux éléments, l'un en I et l'autre en L, ait lieu suivant la droite IL, oblique à l'arc ABC, et non suivant la perpendiculaire LT à l'élément situé en L, car la direction de cette perpendiculaire rencontrant la verticale menée par le point O autour de laquelle la partie mobile de l'appareil est assujettie à tourner, une force dirigée suivant cette perpendiculaire ne pourrait lui imprimer aucun mouvement de rotation.

Je viens de dire que, quand on veut s'assurer que le mouvement de cet appareil n'est pas produit par l'action de la terre, en constatant qu'il continue d'avoir lieu dans le même sens quand on renverse les communications avec la pile en changeant les rhéophores de coupes, il fallait employer une pile qui fût assez forte; il est impossible en effet, dans cette disposition de conducteur mobile, d'empêcher la terre d'agir sur le fil vertical AE pour le porter à l'ouest, quand le courant y est ascendant, à l'est, quand le courant y est descendant, et sur le fil horizontal EQ, pour le faire tourner autour de la verticale passant par le point O, dans le sens direct est, sud, ouest, quand le courant va de E en Q, en s'approchant du centre de rotation, et dans le sens rétrograde ouest, sud, est, quand il va de Q en E, en s'éloignant du même centre (1). La première de ces actions est peu sensible, lors du moins qu'on ne donne au fil vertical AE que la longueur nécessaire pour la stabilité du conducteur mobile sur sa pointe O ; mais la seconde est déterminée par les dimensions de l'appareil ; et comme elle change de sens lorsqu'on renverse les communications avec la pile, elle s'ajoute dans un ordre de communication avec l'action exercée par les courants de l'eau acidulée, et s'en retranche dans l'autre ; c'est pourquoi le mouvement observé est toujours plus rapide dans un cas que dans l'autre ; cette différence est d'autant plus marquée, que le courant produit par la pile est plus faible, parce qu'à mesure que son intensité diminue, l'action électro-dynamique étant, toutes choses égales d'ailleurs, comme le produit des intensités des deux portions de courants qui agissent l'une sur l'autre, cette action entre les courants de l'eau acidulée et ceux de la lame ABC, diminue

---

(1) Voyez sur ces deux sortes d'actions exercées par le globe terrestre, ce qui est dit dans mon *Recueil d'Observation électro-dynamiques*, pages 280, 284.

comme le carré de leur intensité, tandis que l'intensité des courants
terrestres restant la même, leur action sur ceux de la lame, ne devient
moindre que proportionnellement à la même intensité : à mesure
que l'énergie de la pile diminue, l'action du globe devient de plus en
plus près de détruire celle des courants de l'eau acidulée dans la disposition des communications avec la pile où ces actions sont opposées, et l'on voit lorsque cette énergie est devenue très faible, l'appareil s'arrêter dans ce cas, et le mouvement se produire ensuite en
sens contraire; alors l'expérience conduirait à une conséquence opposée à celle qu'il s'agissait d'établir, puisque l'action de la terre devenant prépondérante, on pourrait méconnaître l'existence de celle des
courants de l'eau acidulée. Au reste, la première de ces deux actions
est toujours nulle sur la lame circulaire ABC, parce que la terre agissant comme un système de courants fermés, la force qu'elle exerce
sur chaque élément étant perpendiculaire à la direction de cet élément, passe par la verticale menée par le point O, et ne peut, par
conséquent, tendre à faire tourner autour d'elle le conducteur
mobile.

Nous allons pour servir d'exemple, appliquer les formules précédentes au cas où le système se réduit à un seul courant circulaire
fermé.

Lorsque le système n'est composé que d'un seul courant, parcourant une circonférence de cercle d'un rayon quelconque m on simplifie le calcul, en prenant, pour le plan des xy, le plan mené par
l'origine des coordonnées, c'est-à-dire par le milieu A de l'élément
ab (fig. 14), parallèlement à celui du cercle; et pour le plan des xz,
celui qui est mené perpendiculairement au plan du cercle par la même
origine et par le centre O.

Soient p et q les coordonnées de ce centre O; supposons que le
point C soit la projection de O sur le plan de xy, N celle d'un point
quelconque M du cercle, et nommons ω l'angle ACN; si l'on abaisse
NP perpendiculairement sur AX, les trois coordonnées x, y, z du
point M seront MN, NP, AP, et l'on trouvera facilement pour leurs
valeurs :

$$z = q, \quad y = m \sin \omega, \quad x = p - m \cos \omega.$$

Les quantités que nous avons désignées par A, B, C, étant respectivement égales à

$$\int \frac{y\,dz - z\,dy}{r^{n+1}}, \quad \int \frac{z\,dx - x\,dz}{r^{n+1}}, \quad \int \frac{x\,dy - y\,dx}{r^{n+1}};$$

nous aurons

$$A = -mq \int \frac{\cos \omega\, d\omega}{r^{n+1}},$$

$$B = mq \int \frac{\sin \omega\, d\omega}{r^{n+1}},$$

$$C = mp \int \frac{\cos \omega\, d\omega}{r^{n+1}} - m^2 \int \frac{d\omega}{r^{n+1}}.$$

Si l'on intègre par partie ceux de ces termes qui contiennent $\sin \omega$ et $\cos \omega$, en faisant attention que

$$r^2 = x^2 + y^2 + z^2 = q^2 + p^2 + m^2 - 2mp \cos \omega$$

donne

$$dr = \frac{mp \sin \omega\, d\omega}{r},$$

qu'on supprime les termes qui sont nuls parce que ces intégrales doivent être prises depuis $\omega = 0$ jusqu'à $\omega = 2\pi$, et qu'on mette les valeurs de A, B, C ainsi trouvées dans celle de U,

$$U = A \cos \xi + B \cos \eta + C \cos \zeta,$$

on obtiendra

$$U = m \left[(n+1)(p^2 \cos \zeta - pq \cos \xi) \int \frac{\sin^2 \omega\, d\omega}{r^{n+3}} - \cos \zeta \int \frac{d\omega}{r^{n+1}} \right].$$

Or, l'angle ξ peut être exprimé au moyen de ζ; car, en désignant par h la perpendiculaire OK abaissée du centre O sur le plan bAG pour lequel on calcule la valeur de U, on aura $h = q \cos \zeta + p \cos \xi$, et cette valeur deviendra

$$U = m^2 \left\{ (n+1)[(p^2 + q^2) \cos \zeta - hq] \int \frac{\sin^2 \omega\, d\omega}{r^{n+3}} - \cos \zeta \int \frac{d\omega}{r^{n+1}} \right\}.$$

L'évaluation en est bien simple dans le cas où le rayon m est très petit par rapport à la distance l de l'origine A au centre O; car, si on la développe en série suivant lès puissances de m, on verra que quand on néglige les puissances de m supérieures à 3, les termes en m^3 s'évanouissent entre les limites 0, 2π, et que ceux en m^2 s'obtiennent en remplaçant r par $l = \sqrt{p^2 + q^2}$; il ne reste alors qu'à calculer les valeurs de

$$\int \sin^2\omega\, d\omega \quad \text{et de} \quad \int d\omega \quad \text{depuis} \quad \omega = 0 \quad \text{jusqu'à} \quad \omega = 2\pi;$$

ce qui donne π pour la première, et 2π pour la seconde; la valeur de U se réduit donc a

$$U = \pi m^2 \left[\frac{(n-1)\cos\zeta}{l^{n+1}} - \frac{(n+1)hq}{l^{n+3}} \right].$$

Pour plus de généralité, nous allons supposer maintenant que le courant fermé, au lieu d'être circulaire, ait une forme quelconque, mais sans cesser d'être plan et très petit.

Soit MNL (fig. 15) un très petit circuit fermé et plan dont l'aire soit λ et qui agisse sur un élément placé à l'origine A. Partageons sa surface en éléments infiniment petits, par des plans passant par l'axe des z, et soit APQ la trace d'un de ces plans, et M, N ses points de rencontre avec le circuit λ, projetés sur le plan des xy en P et Q. Prolongeons la corde MN jusqu'à l'axe des z en G; abaissons de A une perpendiculaire $AE = q$ sur le plan du circuit, et joignons EG. Soit Apq la trace d'un plan infiniment voisin du premier, faisant avec celui-ci un angle $d\varphi$; faisons $AP = u$ et $PQ = \delta u$. L'action du circuit sur l'élément en A dépend, comme nous l'avons vu, de trois intégrales désignées par A, B, C, que nous allons calculer. Considérons d'abord C, dont la valeur est

$$C = \int \frac{x\, dy - y\, dx}{r^{n+1}} = \int \frac{u^2\, d\varphi}{r^{n+1}}.$$

Cette intégrale est relative à tous les points du circuit, et si l'on considère simultanément les deux éléments compris entre les deux plans voisins AGNQ et AGnq, et qui se rapportent à des valeurs égales et des signes contraires de $d\varphi$, on verra que les actions de ces deux éléments doivent être ôtées l'une de l'autre, et que celle de l'élément qui est le plus près de A produit l'action la plus forte. Observant que pour avoir l'action du plus éloigné, il faut remplacer u et r par $u + \delta u$ et $r + \delta r$, on trouve

$$G = \int \frac{u^2 \, d\varphi}{r^{n+1}} - \frac{(u + \delta u)^2 \, d\varphi}{(r + \delta r)^{n+1}},$$

ces deux intégrales étant prises entre les deux valeurs de φ relatives aux points extrêmes L, L' entre lesquels est compris le circuit.

La différence de ces deux intégrales pouvant être considérée comme la variation de la première prise en signe contraire, lorsqu'on néglige toutes les puissances des dimensions du circuit dont les exposants surpassent l'unité, il vient

$$G = -\delta \int \frac{u^2 \, d\varphi}{r^{n+1}} = \int \left[\frac{(n+1)u^2 \delta r}{r^{n+2}} - \frac{2u\delta u}{r^{n+1}} \right] d\varphi.$$

Or

$$r^2 = u^2 + z^2,$$

d'où

$$\delta r = \frac{u\delta u + z\delta z}{r};$$

d'ailleurs l'angle ZAE étant égal à ζ, on a

$$AG = \frac{q}{\cos\zeta}, \quad GH = z - \frac{q}{\cos\zeta},$$

et, à cause des triangles semblables MHG, MSN,

$$MH : MS :: GH : NS,$$

c'est-à-dire

$$u : \delta u :: z - \frac{q}{\cos\zeta} : \delta z;$$

en tirant de cette proportion la valeur de δz et la reportant dans celle de δr, on obtient :

$$\delta z = \frac{z\cos\zeta - q}{u\cos\zeta} \delta u, \quad \delta r = \frac{(u^2 + z^2)\cos\delta - qz}{ur\cos\zeta}, \quad \delta u = \frac{r^2\cos\zeta - qz}{ur\cos\zeta} \delta u,$$

et en substituant cette valeur dans celle de G, il vient

$$G = \int \left[\frac{(n+1)(r^2\cos\xi - qz)}{r^{n+3}\cos\zeta} - \frac{2}{r^{n+1}} \right] u\delta u \, d\varphi$$
$$= \int \left[\frac{n-1}{r^{n+1}} - \frac{(n+1)qz}{r^{n+3}\cos\zeta} \right] u\delta u \, d\varphi.$$

Le circuit étant très petit, on peut regarder les valeurs de r et de z comme constantes et égales par exemple à celles qui se rapportent au centre de gravité de l'aire du circuit, afin que les termes du troisième ordre s'évanouissent, en représentant ces valeurs par l et z_1, l'intégrale précédente prendra cette forme

$$C = \left[\frac{n-1}{l^{n+1}} - \frac{(n+1)qz_1}{l^{n+3}\cos\zeta} \right] \int u\, d\varphi\, \delta u.$$

Mais $u\, d\varphi$ est l'arc PK décrit de A comme centre avec le rayon u et $PQ = \delta u$; donc $u\, d\varphi\, \delta u$ est l'aire infiniment petite $PQpq$, et l'intégrale $\int u\, d\varphi\, du$ exprime l'aire totale de la projection du circuit, c'est-à-dire $\lambda \cos\zeta$, puisque ζ est l'angle du plan du circuit avec le plan des xy; on aura donc enfin

$$C = \left[\frac{n-1)\cos\zeta}{l^{n+1}} - \frac{(n+1)qz_1}{l^{n+3}} \right] \lambda.$$

On obtiendra des valeurs analogues pour B et A, savoir :

$$B = \left[\frac{(n-1)\cos\eta}{l^{n+1}} - \frac{(n+1)qy_1}{l^{n+3}} \right] \lambda,$$

$$A = \left[\frac{(n-1)\cos\xi}{l^{n+1}} - \frac{(n+1)qx_1}{l^{n+3}} \right] \lambda.$$

On connaîtra ainsi les angles que la directrice fait avec les axes, puisqu'on a pour leurs cosinus $\frac{A}{D}, \frac{B}{D}, \frac{C}{D}$, en faisant

$$D = \sqrt{A^2 + B^2 + C^2}.$$

Quant à la force produite par l'action du circuit sur l'élément situé à l'origine, elle aura, comme on l'a vu plus haut, pour expression $\frac{1}{2} ii'\, ds'D \sin\varepsilon$, ε étant l'angle que fait cet élément avec la directrice, à laquelle cette force est perpendiculaire ainsi qu'à la direction de l'élément.

Dans le cas où le petit circuit que l'on considère est dans le même plan que l'élément ds' sur lequel il agit, on a, en prenant ce plan pour celui des xy,

$$q = 0, \quad \cos\zeta = 1, \quad \cos\eta = 0, \quad \cos\xi = 0,$$

et par suite

$$A = 0, \quad B = 0, \quad C = \frac{n-1}{l^{n+1}}\lambda;$$

D se réduit alors à C; ε est égal à $\frac{\pi}{2}$, et l'action du circuit sur l'élément ds devient

$$\frac{n-1}{2} \cdot \frac{ii'\,ds'\lambda}{l^{n+1}}.$$

Je vais maintenant exposer une nouvelle manière de considérer l'action des circuits plans d'une forme et d'une grandeur quelconque.

Soit un circuit plan quelconque MNm (fig. 16); partageons sa surface en éléments infiniment petits par des droites parallèles coupées par un second système de parallèles faisant des angles droits avec les premières, et imaginons autour de chacune de ces aires infiniment petites des courants dirigés dans le même sens que le courant MNm. Toutes les parties de ces courants qui se trouveront suivant ces lignes droites, seront détruites, parce qu'il y en aura deux de signes contraires qui parcourront la même droite; et il ne restera que les parties curvilignes de ces courants, telles que MM$'$, mm', qui formeront le circuit total MNm.

Il suit de là que les trois intégrales A, B, C s'obtiendront pour le circuit plan d'une grandeur finie, en substituant dans les valeurs que nous venons d'obtenir pour ces trois quantités, à la place de λ un élément quelconque de l'aire du circuit que nous pouvons représenter par d$^2\lambda$ et intégrant dans toute l'étendue de cette aire.

Lorsque, par exemple, l'élément est situé dans le même plan que le circuit, et qu'on prend ce plan pour celui des xy, on a

$$A = 0, \quad B = 0, \quad C = (n-1)\iint \frac{d^2\lambda}{l^{n+1}},$$

et la valeur de la force devient

$$\frac{n-1}{2}\,ii'\,ds'\iint \frac{d^2\lambda}{l^{n+1}};$$

6

d'où il suit que, si à chacun des points de l'aire du circuit on élève une perpendiculaire égale à $\frac{1}{l^{n+1}}$, le volume du prisme qui aura pour base le circuit et qui sera terminé à la surface formée par les extrémités de ces perpendiculaires, représentera la valeur de $\iint \frac{d^2\lambda}{l^{n+1}}$; et ce volume multiplié par $\frac{n-2}{2}\, ii'ds'$ exprimera l'action cherchée.

Il est bon d'observer que la question étant ramenée à la cubature d'un solide, on pourra adopter le système de coordonnées, et la division de l'aire du circuit en éléments qui conduiront aux calculs les plus simples.

Passons à l'action mutuelle de deux circuits très petits O et O' (fig. 18) situés dans un même plan. Soit MN un élément ds' quelconque du second. L'action du circuit O sur ds' est, d'après ce qui précède,

$$\frac{n-1}{2} \cdot \frac{ii'ds'\lambda d\varphi}{r^{n+1}}.$$

Nommant $d\varphi$ l'angle MNO, et décrivant l'arc MP entre les côtés de cet angle, on pourra remplacer le petit courant MN par les deux courants MP, NP dont les longueurs sont respectivement $rd\varphi$ et dr; l'action du circuit O sur l'élément MP, qui est normale à sa direction, s'obtiendra en remplaçant dans l'expression précédente ds' par MP, et sera

$$\frac{n-1}{2} \cdot \frac{ii'\lambda d\varphi}{r^n};$$

l'action sur NP, perpendiculaire à sa direction, sera de même

$$\frac{n-1}{2} \cdot \frac{ii'\lambda dr}{r^{n+1}}.$$

Cette dernière intégrée dans toute l'étendue du circuit fermé O' est nulle, il suffit de considérer la première qui est dirigée vers le point O, d'où il résulte déjà que l'action des deux petits circuits est dirigée suivant la droite qui les joint.

Prolongeons les rayons OM, ON jusqu'à ce qu'ils rencontrent la courbe en M' et N'; l'action de M'N' devra être retranchée de celle de

MN, et l'action résultante s'obtiendra en prenant comme précédemment la variation de celle de MN en signe contraire, ce qui donne

$$\frac{n(n-1)}{2} \cdot \frac{ii'\lambda\,d\varphi\delta r}{r^{n+1}} \quad \text{ou} \quad \frac{n(n-1)}{2} \cdot \frac{ii'\lambda r\,d\varphi\delta r}{r^{n+2}}.$$

Or, $r\,d\varphi\delta r$ est la mesure du segment infiniment petit MNN'M'. Faisant la somme de toutes les expressions analogues relatives aux différents éléments du circuit O', et considérant r comme constant et égal à la distance des centres de gravité des aires λ et λ' des deux circuits, on aura pour l'action qu'ils exercent l'un sur l'autre

$$\frac{n(n-1)}{2} \cdot \frac{ii'\lambda\lambda'}{r^{n+2}},$$

et cette action sera dirigée suivant la droite OO'. Il résulte de là que l'on obtiendra l'action mutuelle de deux circuits finis situés dans un même plan, en considérant leurs aires comme partagées en éléments infiniment petits dans tous les sens, et supposant que ces éléments agissent l'un sur l'autre suivant la droite qui les joint, en raison directe de leurs surfaces et en raison inverse de la puissance $n+2$ de leur distance.

L'action mutuelle des courants fermés n'étant plus alors fonction que de la distance, on en tire cette conséquence importante, qu'il ne peut jamais résulter de cette action un mouvement de rotation continue.

La formule que nous venons de trouver pour ramener l'action mutuelle de deux circuits fermés et plans à celles des éléments des aires de ces circuits, conduit à la détermination de la valeur de n. En effet, si l'on considère deux systèmes semblables composés de deux circuits fermés et plans, les éléments semblables de leurs aires seront proportionnels aux carrés des lignes homologues, et les distances de ces éléments seront proportionnelles aux premières puissances de ces mêmes lignes. Appelant m le rapport des lignes homologues des deux systèmes, les actions de deux éléments du premier système et de leurs correspondants du second seront respectivement

$$\frac{n(n-1)}{2} \cdot \frac{ii'\lambda\lambda'}{r^{n+2}} \quad \text{et} \quad \frac{n(n-1)}{2} \cdot \frac{ii'\lambda\lambda'm^4}{r^{n+2}m^{n+2}};$$

leur rapport, et par suite celui des actions totales, sera donc m^{2-n}. Or, nous avons décrit précédemment une expérience par laquelle on peut prouver directement que ces deux actions sont égales ; il faut donc que $n = 2$, et, en vertu de l'équation $1 - n - 2k = 0$, que $k = -\frac{1}{2}$. Ces valeurs de n et de k réduisent à une forme très simple l'expression

$$- \frac{1+k}{ii'} \, r^{1-n-k} \, \frac{d^2(r^{1+k})}{ds\,ds'}$$

de l'action mutuelle de ds et de ds' ; cette expression devient

$$- \frac{2ii''}{\sqrt{r}} \cdot \frac{d^2\sqrt{r}}{ds\,ds'} \, ds\,ds'.$$

Il suit aussi de ce que $n = 2$, que dans le cas où les directions des deux éléments restent les mêmes, cette action est en raison inverse du carré de leur distance. On sait que M. de La Place a établi la même loi, d'après une expérience de M. Biot, lorsqu'il s'agit de l'action mutuelle d'un élément de conducteur voltaïque et d'une molécule magnétique : mais ce résultat ne pouvait être étendu à l'action de deux éléments de conducteurs, qu'en admettant que l'action des aimants est due à des courants électriques ; tandis que la démonstration expérimentale que je viens d'en donner est indépendante de toutes les hypothèses que l'on pourrait faire sur la constitution des aimants.

Soit MON (fig. 17) un circuit formant un secteur dont les côtés comprennent un angle infiniment petit, et cherchons l'action qu'il exerce sur un conducteur rectiligne OS′ passant par le centre O du secteur, et calculons d'abord celle d'un élément MNQP de l'aire de ce secteur sur un élément M′N′ du conducteur OS′. Faisons OM $= u$, MP $= du$, OM′ $= s'$, MM′ $= r$, S′ON $= \varepsilon$, NOM $= d\varepsilon$. Le moment de MNQP pour faire tourner M′ autour de O sera, en observant que l'aire MNQP a pour expression $u\,du\,d\varepsilon$,

$$\frac{1}{2} ii' \, s' \, ds' \, \frac{u\,du\,d\varepsilon}{r^3},$$

et le moment du secteur sur le conducteur s' s'obtiendra en intégrant cette expression par rapport à u et s'.

On a

$$r^2 = s'^2 + u^2 - 2us' \cos \varepsilon,$$

d'où

$$r \frac{dr}{du} = u - s' \cos \varepsilon, \qquad r \frac{dr}{ds'} = s' - u \cos \varepsilon,$$

et, en différenciant une seconde fois,

$$r \frac{d^2 r}{du\, ds'} + \frac{dr}{ds'} \cdot \frac{dr}{du} = - \cos \varepsilon,$$

ou, en substituant à $\dfrac{dr}{ds'}$ et $\dfrac{dr}{du}$ leurs valeurs,

$$r \frac{d^2 r}{du\, ds'} + \frac{(u - s' \cos \varepsilon)(s' - u \cos \varepsilon)}{r^2} = - \cos \varepsilon,$$

ce qui devient, en effectuant les calculs et réduisant,

$$r \frac{d^2 r}{du\, ds'} + \frac{us' \sin^2 \varepsilon}{r^2} \cdot = 0,$$

d'où l'on tire

$$\frac{us'}{r^3} = - \frac{1}{\sin^2 \varepsilon} \cdot \frac{d^2 r}{du\, ds'};$$

substituant cette valeur dans le moment élémentaire, on a pour l'expression du moment total

$$\frac{1}{2} ii'' d\varepsilon \iint \frac{us'\, du\, ds'}{r^3} = - \frac{1}{2} ii'' \frac{d\varepsilon}{\sin^2 \varepsilon} \iint \frac{d^2 r}{du\, ds'} \, du\, ds'.$$

En considérant la portion $L'L''$ du courant s', et la portion $L_1 L_2$
du secteur, et en faisant $L'L_1 = r'_1$, $L''L_1 = r''_1$, $L'L_2 = r'_2$, $L''L_2 = r''_2$,
la valeur de cette intégrale est évidemment

$$\frac{1}{2} ii'' \frac{d\varepsilon}{\sin^2 \varepsilon} (r'_2 + r''_1 - r''_2 - r'_1).$$

Lorsque c'est à partir du centre O que commencent le secteur et le conducteur s'_i, la distance $r'_i = 0$; et si l'on fait $OL_2 = a$, $OL'' = b$, $L''L_2 = r$, on trouve que leur action mutuelle est exprimée par

$$\frac{1}{2}\, ii'\, \frac{d\varepsilon}{\sin^2\varepsilon}\,(a+b-r).$$

Quand le conducteur $L'L''$ (fig. 19) a pour milieu le centre L_1 du secteur, et que sa longueur est double du rayon a de ce secteur, on a $a = b$, et en faisant $L'L_1L_2 = 2\theta = \pi - \varepsilon$,

$$r'_1 = r''_1 = a, \quad r'_2 = 2a\sin\theta, \quad r''_2 = 2a\cos\theta, \quad d\varepsilon = -2d\theta,$$

en sorte que la valeur du moment de rotation devient

$$aii'\,\frac{d\varepsilon}{\sin^2\varepsilon}\,(\sin\theta - \cos\theta) = \frac{1}{2}\cdot\frac{aii'\,d\theta(\cos\theta - \sin\theta)}{\sin^2\theta\cos^2\theta},$$

On peut déduire de ce résultat une manière de vérifier ma formule au moyen d'un instrument dont je vais donner la description.

Aux deux points $a\,a'$ (fig. 20) de la table mn s'élèvent deux supports ab, $a'b'$ dont les parties supérieures cb, $c'b'$ sont isolantes; ils soutiennent une lame de cuivre $HdeH'd'e'$ pliée en deux suivant la droite HH', et qui est terminée par deux coupes H et H' où l'on met du mercure. Aux points A, C, A', C', de la table sont quatre cavités remplies de même de mercure. De A part un conducteur en cuivre AEFGSRQ, soutenu par HH' et terminé par une coupe Q ; de A' il en part un second A'E'F'G'S'R'Q' symétrique au premier ; ils sont tous les deux entourés de soie, pour être isolés l'un de l'autre et du conducteur HH'. Dans la coupe Q plonge la pointe d'un conducteur mobile QPONMLKIH revenant sur lui-même de K en I, et ayant dans cette partie ses deux branches PO, KI entourées de soie; il est terminé par une seconde pointe plongée dans la coupe H ; NML forme une demi-circonférence dont LN est le diamètre, et K le centre ; la tige PKp est verticale, et terminée en p par une pointe retenue par trois cercles horizontaux B,D,T qui peuvent tourner autour de leurs centres et sont destinés à diminuer le frottement.

XY est une tablette fixe qui reçoit dans une rainure un conducteur VU$ifkhgo$ZC revenant sur lui-même de g en o et doublé de soie dans cette partie; $ifkhg$ est un secteur de cercle qui a pour centre le point

k; les parties Ui et go sont rectilignes ; elles traversent en x le support ab, dans lequel on a pratiqué une ouverture à cet effet, et se séparent en o pour aller se plonger respectivement dans les cavités A et C. A droite de FG se trouve un assemblage de conducteurs fixes et mobiles parfaitement semblable à celui que nous venons de décrire, et lorsqu'on plonge le rhéophore positif de la pile en C, et le négatif en C', le courant électrique parcourt les conducteurs CZ$oghkfi$UV, AEFGSRQ ; de là il passe dans le conducteur mobile QPONMLKIH, et se rend en H' par HH'; il parcourt ensuite le conducteur mobile symétrique H'I'K'L'M'N'O'P'Q', arrive en Q', suit le conducteur Q'R'S'G'F'E'A' qui le conduit dans la cavité A', d'où il se rend en C' par le conducteur V'U'$i'f'k'h'g'o'$Z'C', et de là dans le rhéophore négatif.

Le courant allant dans la direction LN dans le diamètre LN, et de h en k, puis de k en f, dans les rayons hk, kf, il y a répulsion entre ces rayons et le diamètre ; de plus, le circuit fermé $ghkfi$ ne produisant aucune action sur le demi-cercle LMN dont le centre se trouve dans l'axe fixe pH, le conducteur mobile ne peut être mis en mouvement que par l'action du secteur $ghkfi$ sur le diamètre LN, vu que dans toutes les autres parties de l'appareil passent deux courants opposés dont les actions se détruisent. L'équilibre aura lieu quand le diamètre LN fera des angles égaux avec les rayons kf, kh ; et si on l'écarte de cette position, il oscillera par l'action seule du secteur $ghkfi$ sur ce diamètre.

Soit 2η l'angle au centre du secteur, on aura dans la position d'équilibre

$$2\theta = \frac{\pi}{2} + \eta \quad \text{ou} \quad \theta = \frac{\pi}{4} + \eta,$$

d'où l'on conclut

$$\cos\theta - \sin\theta = \cos\theta - \cos\left(\frac{\pi}{2} - \theta\right) = 2\sin\frac{\pi}{4}\sin\left(\frac{\pi}{4} - \theta\right) = -\sqrt{2}\sin\frac{1}{2}\eta,$$

et

$$\sin\theta\cos\theta = \frac{1}{2}\sin 2\theta = \frac{1}{2}\cos\eta;$$

Mais il est aisé de voir que quand on déplace, de sa position d'équilibre, le conducteur L'L'' d'une quantité égale à $2d\theta$, le moment des forces qui tendent à l'y ramener se compose de ceux que produisent deux petits secteurs dont l'angle est égal à ce déplacement, et dont les actions sont égales, moment dont la valeur, d'après ce que nous avons vu tout à l'heure, est

$$\frac{1}{2} \frac{aii''(\cos\theta - \sin\theta)}{\sin^2\theta\cos^2\theta}\, d\theta = -\frac{2aii''\sqrt{2}\sin\frac{1}{2}\eta}{\cos^2\eta}\, d\theta.$$

D'où il suit que les durées des oscillations seront, pour le même diamètre, proportionnelles à

$$\frac{\sqrt{\sin\frac{1}{2}\eta}}{\cos\eta}.$$

Faisant donc simultanément osciller les conducteurs mobiles dans les deux parties symétriques de l'appareil, en supposant les angles des secteurs différents, on aura des courants de même intensité, et on observera si les nombres d'oscillations faites dans un même temps, sont proportionnels aux deux expressions

$$\frac{\sqrt{\sin\frac{1}{2}\eta}}{\cos\eta} \quad \text{et} \quad \frac{\sqrt{\sin\frac{1}{2}\eta'}}{\cos\eta'};$$

en appelant 2η et $2\eta'$ les angles au centre des deux secteurs.

Nous allons maintenant examiner l'action mutuelle de deux conducteurs rectilignes; et rappelons-nous d'abord qu'en nommant β l'angle compris entre la direction de l'élément ds' et celle de la droite r, la valeur de l'action que les deux éléments de courants électriques ds et ds' exercent l'un sur l'autre a déjà été mise sous la forme

$$ii''\,ds'\,r^k\,d\,(r^k\cos\beta),$$

en la multipliant et la divisant par $\cos\beta$, et en faisant attention que $k = -\frac{1}{2}$ donne $r^{2k} = \frac{1}{r}$, nous verrons qu'on peut l'écrire ainsi :

$$\frac{ii''\,ds'}{\cos\beta}\,r^k\cos\beta\,d\,(r^k\cos\beta) = \frac{1}{2}\frac{ii''\,ds'}{\cos\beta}\,d\left(\frac{\cos^2\beta}{r}\right),$$

d'où il nous sera facile de conclure que la composante de cette action suivant la tangente à l'élément ds', est égale à

$$\frac{1}{2}\,ii''\,ds'\,d\left(\frac{\cos^2\beta}{r}\right)$$

et que la composante normale au même élément, l'est à

$$\frac{1}{2}\, ii''\, ds'\, \tang \beta\, d\left(\frac{\cos^2 \beta}{r}\right),$$

expression qui peut se mettre sous la forme

$$\frac{1}{2}\, ii''\, ds'\left[d\left(\frac{\sin \beta \cos \beta}{r}\right) - \frac{d\beta}{r}\right].$$

Ces valeurs des deux composantes se trouvent à la page 331 de mon *Recueil d'observations électro-dynamiques*, publié en 1822.

Appliquons la dernière au cas de deux courants rectilignes parallèles, situés à une distance a l'un de l'autre.

On a alors

$$r = \frac{a}{\sin \beta},$$

et la composante normale devient

$$\frac{1}{2}\, ii''\, ds'\left[\frac{d(\sin^2 \beta \cos \beta)}{a} - \frac{\sin \beta\, d\beta}{a}\right].$$

Soit M′ (fig. 21) un point quelconque du courant qui parcourt la droite $L_1 L_2$; et β', β'' les angles L′M′L$_2$, L″M′L$_2$ formés avec $L_1 L_2$ par les rayons vecteurs extrêmes M′L′, M′L″; on aura l'action de ds' sur L′L″ en intégrant l'expression précédente entre les limites β', β'', ce qui donne

$$\frac{1}{2a}\, ii''\, ds'(\sin^2 \beta'' \cos \beta'' + \cos \beta'' - \sin^2 \beta' \cos \beta' - \cos \beta');$$

mais on a à chaque limite, en y représentant les valeurs de s par b' et b'',

$$s' = b'' - a \cot \beta'' = b' - a \cot \beta', \qquad ds' = \frac{a\, d\beta''}{\sin^2 \beta''} = \frac{a\, d\beta'}{\sin^2 \beta'};$$

en substituant ces valeurs et intégrant de nouveau entre les limites

7

β'_1, β'_2 et β''_1, β''_2, on a pour la valeur de la force cherchée,

$$\frac{1}{2} \, ii'' \left(\sin \beta''_2 - \sin \beta''_1 - \sin \beta'_2 + \sin \beta'_1 - \frac{1}{\sin \beta''_2} + \frac{1}{\sin \beta''_1} + \frac{1}{\sin \beta'_2} - \frac{1}{\sin \beta'_1} \right),$$

ou

$$\frac{1}{2} \, ii'' \left(\frac{a}{r''_2} - \frac{a}{r''_1} - \frac{a}{r'_2} + \frac{a}{r'_1} + \frac{r''_1 + r'_2 - r''_2 - r'_1}{a} \right).$$

Si les deux conducteurs sont de même longueur et perpendiculaires aux droites qui en joignent les deux extrémités d'un même côté, on a

$$r'_1 = r''_2 = a, \quad \text{et} \quad r'_2 = r''_1 = c,$$

en nommant c la diagonale du rectangle formé par ces deux droites et les deux directions des courants, l'expression précédente devient alors

$$ii'' \left(\frac{c}{a} - \frac{a}{c} \right) = \frac{ii'' l^2}{ac};$$

en nommant l la longueur des conducteurs, et quand ce rectangle devient un carré, on a $\dfrac{ii''}{\sqrt{2}}$ pour la valeur de la force; enfin, si l'on suppose l'un des conducteurs indéfini dans les deux sens, et que l soit la longueur de l'autre, les termes où r'_1, r'_2, r''_1, r''_2 se trouvent au dénominateur disparaîtront; on aura

$$r'_2 + r''_1 - r''_2 - r'_1 = 2l,$$

et l'expression de la force deviendra

$$\frac{ii'' l}{a},$$

qui se réduit à ii'' quand la longueur l est égale à la distance a.

Quant à l'action de deux courants parallèlement à la direction de s', elle peut s'obtenir quelle que soit la forme du courant s. En effet la composante suivant à ds' étant

$$\frac{1}{2} \, ii'' ds' d \left(\frac{\cos^2 \beta}{r} \right),$$

l'action totale qu'exerce ds' dans cette direction sur le courant $L'L''$ (fig. 21) a pour valeur

$$\frac{1}{2}\, ii''\, ds' \left(\frac{\cos^2\beta''}{r''} - \frac{\cos^2\beta'}{r'}\right),$$

et il est remarquable qu'elle ne dépend que de la situation des extrémités L', L'' du conducteur s; elle est donc la même, quelle que soit la forme de ce conducteur, qui peut être plié suivant une ligne quelconque.

Si l'on nomme a' et a'' les perpendiculaires abaissées des deux extrémités de la portion de conducteur $L'L''$ que l'on considère comme mobile, sur le conducteur rectiligne dont il s'agit de calculer l'action parallèlement à sa direction, on aura

$$r'' = \frac{a''}{\sin\beta''}, \quad r' = \frac{a'}{\sin\beta'},$$

$$ds' = -\frac{dr''}{\cos\beta''} = \frac{a''\,d\beta''}{\sin^2\beta''} = -\frac{dr'}{\cos\beta'} = \frac{a'\,d\beta'}{\sin^2\beta'},$$

et par conséquent

$$\frac{ds'}{r''} = \frac{d\beta''}{\sin\beta''}, \quad \frac{ds'}{r'} = \frac{d\beta'}{\sin\beta'},$$

d'où il est aisé de conclure que l'intégrale cherchée est

$$-\frac{1}{2}\, ii'' \int\left(\frac{\cos^2\beta''\,d\beta''}{\sin\beta''} - \frac{\cos^2\beta'\,d\beta'}{\sin\beta'}\right)$$

$$= -\frac{1}{2}\, ii'' \left(L\frac{\tan g\frac{1}{2}\beta''}{\tan g\frac{1}{2}\beta'} + \cos\beta'' - \cos\beta' + C\right).$$

Il faudra prendre cette intégrale entre les limites déterminées par les deux extrémités du conducteur rectiligne, en nommant β_1', β_2' et β_1'', β_2'' les valeurs de β' et de β'' relatives à ces limites, on a sur-le-champ celle de la force exercée par le conducteur rectiligne, et cette dernière valeur ne dépend évidemment que des quatre angles β_1', β_1'', β_2', β_2''.

Lorsqu'on veut la valeur de cette force pour le cas où le conducteur rectiligne s'étend indéfiniment dans les deux sens, il faut faire $\beta_1' = \beta_1'' = 0$, et $\beta_2' = \beta_2'' = \pi$: il semble, au premier coup d'œil, qu'elle devient nulle, ce qui serait contraire à l'expérience; mais on voit aisément que la partie de l'intégrale où entrent les cosinus de ces quatre angles est la seule qui s'évanouisse dans ce cas, et que le reste de l'intégrale

$$\frac{1}{2}\, ii'\left(\mathrm{L}\,\frac{\tang \frac{1}{2}\beta_1''}{\tang \frac{1}{2}\beta_1'} - \mathrm{L}\,\frac{\tang \frac{1}{2}\beta_2''}{\tang \frac{1}{2}\beta_2'}\right) = \frac{1}{2}\, ii'\mathrm{L}\,\frac{\tang \frac{1}{2}\beta_1''\, \cot \frac{1}{2}\beta_2''}{\tang \frac{1}{2}\beta_1'\, \cot \frac{1}{2}\beta_2'}$$

devient à cause qu'on a $\beta_2'' = \pi - \beta_1''$ et $\beta_2' = \pi - \beta_1'$,

$$\frac{1}{2}\, ii'\,\mathrm{L}\,\frac{\tang^2 \frac{1}{2}\beta_1''}{\tang^2 \frac{1}{2}\beta_1'} = ii'\,\mathrm{L}\,\frac{\tang \frac{1}{2}\beta_1''}{\tang \frac{1}{2}\beta_1'} = ii'\,\mathrm{L}\,\frac{a''}{a'}.$$

Cette valeur montre que la force cherchée ne dépend alors que du rapport des deux perpendiculaires a' et a', abaissées sur le conducteur rectiligne indéfini des deux extrémités de la portion de conducteur sur lequel il agit; qu'elle est encore indépendante de la forme de cette portion, et ne devient nulle, comme cela doit être, que quand les deux perpendiculaires sont égales entre elles.

Pour avoir la distance de cette force au conducteur rectiligne, dont la direction est parallèle à la sienne, il faut multiplier chacune des forces élémentaires dont elle se compose par sa distance au conducteur, et intégrer le résultat par rapport aux mêmes limites; on aura ainsi le moment qu'il faudra diviser par la force pour avoir la distance cherchée.

On trouve aisément, d'après les valeurs ci-dessus, que le moment élémentaire a pour valeur

$$\frac{1}{2}\, ii'\mathrm{d}s'\,r\,\sin\beta\,\mathrm{d}\,\frac{\cos^2\beta}{r}.$$

Cette valeur ne peut s'intégrer que quand on y a substitué à l'une des variables r ou β sa valeur en fonction de l'autre, tirée des équations qui déterminent la forme de la portion mobile de conducteur; elle devient très simple quand cette portion se trouve sur une droite élevée par un point quelconque du conducteur rectiligne que l'on considère comme fixe, perpendiculairement à sa direction, parce qu'en prenant ce point pour l'origine des s', on a

$$r = -\frac{s'}{\cos\beta},$$

et que s' est une constante relativement à la différentielle

$$\mathrm{d} \frac{\cos^2 \beta}{r}.$$

La valeur du moment élémentaire devient donc

$$\frac{1}{2} ii' \mathrm{d} s' \frac{\sin \beta}{\cos \beta} \mathrm{d} (\cos^3 \beta) = - \frac{3}{2} ii' \mathrm{d} s' \sin^2 \beta \cos \beta \mathrm{d} \beta,$$

dont l'intégrale entre les limites β'' et β' est

$$- \frac{1}{2} ii' \mathrm{d} s' (\sin^3 \beta'' - \sin^3 \beta').$$

En remplaçant $\mathrm{d} s'$ par les valeurs de cette différentielle trouvées plus haut, et en intégrant de nouveau, on a, entre les limites déterminées du conducteur rectiligne,

$$\frac{1}{2} ii' [a'' (\cos \beta_2'' - \cos \beta_1'') - a' (\cos \beta_2' - \cos \beta_1')].$$

Si l'on suppose que le conducteur s'étende indéfiniment dans les deux sens, il faudra donner à β_1', β_1'', β_2', β_2'', les valeurs que nous leur avons déjà assignées dans ce cas, et on aura

$$- ii' (a'' - a')$$

pour la valeur du moment cherché, qui sera, par conséquent, proportionnel à la longueur $a'' - a'$ du conducteur mobile, et ne changera point tant que cette longueur restera la même, quelles que soient d'ailleurs les distances des extrémités de ce dernier conducteur à celui qui est considéré comme fixe.

Calculons maintenant l'action exercée par un arc de courbe quelconque NM pour faire tourner un arc de cercle $L_1 L_2$ autour de son centre.

Soit M' (fig. 23) le milieu d'un élément quelconque $\mathrm{d} s'$ de l'arc $L_1 L_2$, et a le rayon du cercle. Le moment d'un élément $\mathrm{d} s$ de NM pour faire tourner $\mathrm{d} s'$ autour du centre O s'obtient en multipliant la composante tangente en M' par sa distance a au point fixe; ce qui donne

$$\frac{1}{2}\, aii''\, ds'\, d\,\frac{\cos^2\beta}{r}.$$

Nommant β', β'' et r', r'' les valeurs de β et r relatives aux limites M et N, on a pour le moment de rotation de ds'

$$\frac{1}{2}\, aii''\, ds'\left(\frac{\cos^2\beta''}{r''}-\frac{\cos^2\beta'}{r'}\right),$$

résultat qui ne dépend que de la situation des extrémités M et N.

Nous achèverons le calcul en supposant que la ligne MN soit un diamètre L'L'' du même cercle.

Nommons $2\,\theta$ l'angle M'OL'; M'T' étant la tangente en M' les angles L'M'T', L''M'T' seront respectivement β' et β'', et l'on aura évidemment.

$$\cos\beta'=-\cos\theta,\quad \cos\beta''=\sin\theta,\quad r'=2a\sin\theta,\quad r''=2a\cos\theta.$$

L'action du diamètre L'L'' pour faire tourner l'élément situé en M sera donc

$$\frac{1}{4}\, ii''\, ds'\left(\frac{\sin^2\theta}{\cos\theta}-\frac{\cos^2\theta}{\sin\theta}\right).$$

Lorsqu'on prend un point quelconque A de la circonférence pour origine des arcs, et qu'on fait AL' $=$ C, on a

$$s'=C+2a\theta\quad\text{et}\quad ds'=2ad\theta,$$

ce qui change l'expression précédente en

$$\frac{1}{2}\, aii''\left(\frac{\sin^2\theta\, d\theta}{\cos\theta}-\frac{\cos^2\theta\, d\theta}{\sin\theta}\right),$$

qu'il faut intégrer dans toute l'étendue de l'arc L_1L_2 pour avoir le moment de rotation de cet arc autour de son centre.

Or on a

$$\int \frac{\sin^2 \theta \, d\theta}{\cos \theta} = L \tang \left(\frac{\pi}{4} + \frac{1}{2} \theta \right) - \sin \theta + C_1,$$

$$\int \frac{\cos^2 \theta \, d\theta}{\sin \theta} = L \tang \frac{1}{2} \theta + \cos \theta + C' :$$

si donc on appelle $2\theta_2$ et $2\theta_1$ les angles $L'OL_1$ et $L'OL_2$ le moment total de l'arc $L_1 L_2$ sera

$$\frac{a}{2} ii' \left[L \frac{\tang \left(\frac{\pi}{4} + \frac{1}{2} \theta_2 \right) \tang \frac{1}{2} \theta_1}{\tang \frac{1}{2} \theta_2 \tang \left(\frac{\pi}{4} + \frac{1}{2} \theta_1 \right)} - \sin \theta_2 - \cos \theta_2 + \sin \theta_1 + \cos \theta_1 \right].$$

Cette expression, changée de signe, donne la valeur du moment de rotation du diamètre $L'L''$ dû à l'action de $L_1 L_2$.

Dans un appareil que j'ai décrit précédemment, un conducteur qui a la forme d'un secteur circulaire, agit sur un autre conducteur composé d'un diamètre et d'une demi-circonférence qui est mobile autour d'un axe passant par le centre de cette demi-circonférence et perpendiculaire à son plan. L'action qu'elle éprouve de la part du secteur est détruite par la résistance de l'axe, puisque le contour que forme le secteur est fermé; il ne reste donc que l'action sur le diamètre. Nous avons déjà calculé celle de l'arc, il ne nous reste donc plus qu'à obtenir celles des rayons de ce secteur sur le même diamètre.

Pour les déterminer, nous allons chercher le moment de rotation qui résulte de l'action mutuelle de deux courants rectilignes situés dans le même plan, et qui tend à les faire tourner en sens contraire autour du point de rencontre de leurs directions.

La composante normale à l'élément ds' situé en M' (fig. 24), est, comme nous l'avons vu précédemment,

$$\frac{1}{2} ii' \, ds' \left(d \frac{\sin \beta \cos \beta}{r} - \frac{d\beta}{r} \right).$$

Le moment de ds pour faire tourner ds' autour de O, s'obtiendra en multipliant cette force par s'; on aura donc, en nommant M le moment total,

$$\frac{d^2 M}{ds\,ds'}\,ds\,ds' = \frac{1}{2}\,ii's'\,ds'\left(d\,\frac{\sin\beta\cos\beta}{r} - \frac{d\beta}{r}\right),$$

d'où, en intégrant par rapport à s,

$$\frac{dM}{ds'}\,ds' = \frac{1}{2}\,ii's'\,ds'\left(\frac{\sin\beta\cos\beta}{r} - \int\frac{d\beta}{r}\right).$$

Mais, d'après la manière dont les angles ont été pris dans le calcul de la formule qui représente l'action mutuelle de deux éléments de conducteurs voltaïques, l'angle $MM'L_2 = \beta$ est extérieur au triangle OMM'; et, en nommant ε l'angle MOM' compris entre les directions des deux courants, on trouve que le troisième angle OMM' est égal à $\beta - \varepsilon$, ce qui donne

$$r = \frac{s'\sin\varepsilon}{\sin(\beta - \varepsilon)},$$

on a donc

$$\frac{dM}{ds'}\,ds' = \frac{1}{2}\,ii'\,\frac{ds'}{\sin\varepsilon}\,[\cos\beta\sin\beta\sin(\beta - \varepsilon) + \cos(\beta - \varepsilon) + C].$$

En remplaçant dans cette valeur $\cos(\beta - \varepsilon)$ par

$$\cos^2\beta\cos(\beta - \varepsilon) + \sin^2\beta\cos(\beta - \varepsilon),$$

on voit aisément qu'elle se réduit à

$$\frac{dM}{ds'}\,ds' = \frac{1}{2}\,ii'\,\frac{ds'}{\sin\varepsilon}\,[\cos\varepsilon\cos\beta + \sin^2\beta\cos(\beta - \varepsilon) + C]$$

qu'il faut prendre entre les limites β' et β''; on a ainsi la différence de deux fonctions de même forme, l'une de β'', l'autre de β', qu'il s'agit d'intégrer de nouveau pour avoir le moment de rotation cherché : il suffit de faire cette seconde intégration sur une seule de ces deux quantités : soit donc a'' la distance OL'' qui répond à β'', on a, dans le triangle $OM'L''$,

$$s' = \frac{a''\sin(\beta'' - \varepsilon)}{\sin\beta''} = a''\cos\varepsilon - a''\sin\varepsilon\cot\beta'', \qquad ds' = \frac{a''\sin r\,d\beta''}{\sin^2\beta''};$$

et la quantité que nous nous proposons d'abord d'intégrer, devient

$$\frac{1}{2}\,a''ii''\left[\frac{\cos\varepsilon\cos\beta''\,d\beta''}{\sin^2\beta''}+\cos(\beta''-\varepsilon)\,d\beta''\right],$$

dont l'intégrale prise entre les limites β_1'' et β_2'' est

$$\frac{1}{2}\,a''ii''\left[\sin(\beta_2''-\varepsilon)-\sin(\beta_1''-\varepsilon)-\frac{\cos\varepsilon}{\sin\beta_2''}+\frac{\cos\varepsilon}{\sin\beta_1''}\right].$$

En désignant par p_2'' et p_2' les perpendiculaires abaissées du point O, sur les distances $L''L_2 = r_2''$, $L''L_1 = r_1''$, on a évidemment

$$a''\sin(\beta_2''-\varepsilon)=p_2'',\quad a''\sin(\beta_1''-\varepsilon)=p_1'',\quad \frac{a''}{\sin\beta_2''}=\frac{r_2''}{\sin\varepsilon},\quad \frac{a''}{\sin\beta_1''}=\frac{r_1''}{\sin\varepsilon},$$

et l'intégrale précédente devient

$$\frac{1}{2}\,ii'\,[p_2''-p_1''-(r_2''-r_1'')\cot\varepsilon].$$

Si l'on fait attention qu'en désignant la distance OL' par a' on a aussi, dans le triangle OM'L',

$$s'=\frac{a'\sin(\beta'-\varepsilon)}{\sin\beta'}='\cos\varepsilon-a'\sin\varepsilon\cot\beta',\quad ds'=\frac{a'\sin\varepsilon\,d\beta'}{\sin^2\beta'},$$

on voit aisément que l'intégrale de l'autre quantité se forme de celle que nous venons d'obtenir, en y changeant $p_2'', p_1'', r_2'', r_1''$, en $p_2', p_1',$ r_2', r_1' ; ce qui donne pour la valeur du moment de rotation qui est la différence des deux intégrales,

$$\frac{1}{2}\,ii'[p_2''-p_1''-p_2'+p_1'-(r_2''-r_1''-r_2'+r_1')\cot\varepsilon].$$

Cette valeur se réduit à celle que nous avons trouvée plus haut, dans le cas où l'angle ε est droit, parce qu'alors $\cot\varepsilon = 0$.

Quand on suppose que les deux courants partent du point O, et que leurs longueurs OL'', OL$_2$ (fig. 22) sont représentées respectivement par a et b, la perpendiculaire OP par p, et la distance L''L$_2$ par

r, on a $p''_2 = p, p''_1 = p'_2 = p'_1, = 0, r''_2 = r, r''_1 = a, r'_2 = b, r'_1 = 0,$ et

$$\frac{1}{2} ii'' [p + (a + b - r) \cot \varepsilon],$$

pour la valeur que prend alors le moment de rotation.

La quantité $a + b - r$, excès de la somme de deux côtés d'un triangle sur le troisième, est toujours positive : d'où il suit que le moment de rotation est plus grand que la valeur $\frac{1}{2} ii' p$ qu'il prend quand l'angle ε des deux conducteurs est droit, tant que $\cot \varepsilon$ est positif, c'est-à-dire tant que cet angle est aigu; mais il devient plus petit quand le même angle est obtus, parce qu'alors $\cot \varepsilon$ est négatif. Il est évident d'ailleurs que sa valeur est d'autant plus grande que l'angle ε est plus petit, et qu'elle croît à l'infini comme $\cot \varepsilon$ à mesure que ε s'approche de zéro; mais il est bon de montrer qu'il reste toujours positif, quelque voisin que cet angle soit de deux droits.

Il suffit pour cela de faire attention qu'en nommant α l'angle du triangle $OL''L_2$ compris entre les côtés a et r, et β celui qui l'est entre les côtés b et r, on a

$$\cot \varepsilon = - \cot(\alpha + \beta), \quad p = a \sin \alpha = b \sin \beta, \quad r = a \cos \alpha + b \cos \beta,$$

et par conséquent

$$a + b - r = a (1 - \cos \alpha) + b (1 - \cos \beta),$$
$$= p \, \text{tang} \, \frac{1}{2} \alpha + p \, \text{tang} \, \frac{1}{2} \beta,$$

et

$$\frac{1}{2} ii'' [p + (a + b - r) \cot \varepsilon] = \frac{1}{2} ii' p \left(1 - \frac{\text{tang} \frac{1}{2} \alpha + \text{tang} \frac{1}{2} \beta}{\text{tang}(\alpha + \beta)} \right),$$

valeur qui reste toujours positive, quelque petits que soient les angles α et β, puisque $\text{tang}(\alpha + \beta)$, pour des angles inférieurs à $\frac{\pi}{4}$, est toujours plus grand que $\text{tang} \, \alpha + \text{tang} \, \beta$, et à plus forte raison plus que $\text{tang} \frac{1}{2} \alpha + \text{tang} \frac{1}{2} \beta$. Cette valeur tend évidemment vers la limite $\frac{1}{4} ii' p$ à mesure que les angles α et β s'approchent de zéro; elle s'évanouit avec p quand ces angles deviennent nuls.

Reprenons maintenant la valeur générale du moment de rotation en n'y faisant entrer que les distances $OL'' = a''$, $OL' = a'$, et les différents angles, valeur qui est

$$\frac{1}{2} ii'' \left[a'' \sin(\beta''_2 - \varepsilon) - a'' \sin(\beta''_1 - \varepsilon) - a' \sin(\beta'_2 - \varepsilon) \right.$$
$$\left. + a' \sin(\beta'_1 - \varepsilon) - \frac{a'' \cos \varepsilon}{\sin \beta''_2} + \frac{a'' \cos \varepsilon}{\sin \beta''_1} + \frac{a' \cos \varepsilon}{\sin \beta'_2} - \frac{a' \cos \varepsilon}{\sin \beta'_1} \right].$$

et appliquons-la au cas où un des conducteurs $L'L''$ (fig. 25) est rectiligne et mobile autour de son milieu L_1, et où l'autre part de ce milieu. En faisant $L'L'' = 2a$, on a

$$a'' = a, \quad a' = -a, \quad \beta'_1 = \pi + \varepsilon, \quad \beta''_1 = \varepsilon, \quad \sin \beta'_1 = -\sin \beta''_1,$$

et en désignant comme précédemment les perpendiculaires abaissées de L_1 sur $L'L_2$, $L''L_2$, l'expression du moment devient

$$\frac{1}{2} ii'' \left(p''_2 + p'_1 - \frac{a \cos \varepsilon}{\sin \beta''_2} - \frac{a \cos \varepsilon}{\sin \beta'_2} \right).$$

Or

$$\sin \beta''_2 : a :: \sin \varepsilon : r''_2 \quad \text{et} \quad -\sin \beta'_2 : a :: \sin \varepsilon : r'_2,$$

et les valeurs de r''_2 et de r'_2 tirées de ces proportions et substituées dans l'expression précédente la changent en

$$\frac{1}{2} ii'' [p''_2 + p'_2 + \cot \varepsilon (r'_2 - r''_2)].$$

Lorsqu'on suppose L_1L_2 infini, on a $p''_2 = p'_2 = a \sin \varepsilon$, $r'_2 - r''_2 = 2a \cos \varepsilon$, et cette valeur du moment se réduit à

$$\frac{1}{2} aii'' \left(2 \sin \varepsilon + \frac{2 \cos^2 \varepsilon}{\sin \varepsilon} \right) = \frac{aii''}{\sin \varepsilon};$$

il est donc en raison inverse du sinus de l'angle des deux courants, et proportionnel à la longueur du courant fini.

Quand $L_1L_2 = \frac{1}{2} L'L'' = a$ et qu'on représente l'angle $L''L_1L_2$ par 2θ, on a

$$p''_2 = a \sin \theta, \quad p'_2 = a \cos \theta, \quad r'_2 = 2a \sin \theta, \quad r''_2 = 2a \cos \theta, \quad \cot \varepsilon = -\cot 2\theta,$$

ět lě moment devient

$$\frac{1}{2} a i i' [\cos\theta + \sin\theta + 2\cot 2\theta (\cos\theta - \sin\theta)],$$

en remplaçant $2\cot 2\theta$ par sa valeur

$$\frac{1 - \tan^2\theta}{\tan\theta} = \frac{\cos^2\theta - \sin^2\theta}{\sin\theta\cos\theta} = \frac{(\cos\theta + \sin\theta)(\cos\theta - \sin\theta)}{\sin\theta\cos\theta},$$

on trouve que celle de ce moment est égale à

$$\frac{1}{2} a i i'(\cos\theta + \sin\theta)\left[1 + \frac{(\cos\theta - \sin\theta)^2}{\sin\theta\cos\theta}\right] = \frac{1}{2} a i i'(\cos\theta + \sin\theta)\left(\frac{1}{\sin\theta\cos\theta} - 1\right).$$

Pour avoir la somme des actions des deux rayons entre lesquels est compris un secteur infiniment petit donc l'arc est $d\varepsilon$, il faut faire attention que ces deux rayons étant parcourus en sens contraire, cette somme est égale à la différentielle de l'expression précédente; on trouve ainsi qu'elle est représentée par

$$\frac{1}{2} a i i'\left[(\cos\theta - \sin\theta)\left(\frac{1}{\sin\theta\cos\theta} - 1\right) - \frac{(\cos\theta\sin\theta)(\cos^2\theta - \sin^2\theta)}{\sin^2\theta\cos^2\theta}\right]d\theta$$

$$= \frac{1}{2} a i i'(\cos\theta - \sin\theta)\left(\frac{1}{\sin\theta\cos\theta} - 1 - \frac{(\cos\theta + \sin\theta)^2}{\sin^2\theta\cos^2\theta}\right)d\theta$$

$$= -\frac{1}{2} a i i'(\cos\theta - \sin\theta)\left(\frac{1}{\sin^2\theta\cos^2\theta} + \frac{1}{\sin\theta\cos\theta} + 1\right)d\theta.$$

Mais l'action de l'arc $L_2 L_3$ sur le diamètre $L'L''$ est égale et opposée à celle que ce diamètre exerce sur l'arc pour le faire tourner autour de son centre; le moment de cette action, d'après ce que nous venons de voir, est donc égal à

$$\frac{1}{2} a i i'\left(\frac{\cos^2\theta}{\sin\theta} - \frac{\sin^2\theta}{\cos\theta}\right)d\theta = \frac{1}{2} a i i'(\cos\theta - \sin\theta)\left(\frac{1}{\sin\theta\cos\theta} + 1\right)d\theta;$$

en l'ajoutant au précédent, on a pour celui qui résulte de l'action du secteur infiniment petit sur le diamètre $L'L''$

$$-\frac{1}{2} a i i'(\cos\theta - \sin\theta)\frac{d\theta}{\sin\theta\cos\theta}.$$

Cette valeur ne diffère que par le signe de celle que nous avons déjà trouvée pour le même moment, différence qui vient évidemment de ce que nous avons tiré cette dernière de la formule relative à l'action d'un très petit circuit fermé sur un élément où nous avions changé le signe de C pour la rendre positive.

Examinons maintenant l'action que deux courants rectilignes, qui ne sont pas dans un même plan, exercent l'un sur l'autre, soit pour se mouvoir parallèlement à leur commune perpendiculaire, soit pour tourner autour de cette droite.

Soient les deux courants AU, A'U' (fig. 26); $AA' = a$, leur commune perpendiculaire; AV une parallèle à A'U' : l'action de deux éléments situés en M et M', lorsqu'on fait $n = 2$ et $h = k - 1 = -\dfrac{3}{2}$ dans la formule générale

$$\frac{ii'ds\,ds'}{r^n}\,(\cos\varepsilon + h\cos\theta\cos\theta').$$

devient

$$\frac{1}{2}\cdot\frac{ii'ds\,ds'\left(2\cos\varepsilon + 3\dfrac{dr}{ds}\cdot\dfrac{dr}{ds'}\right)}{r^2},$$

à cause de

$$\cos\theta = \frac{dr}{ds}, \quad \cos\theta' = -\frac{dr}{ds'};$$

mais en faisant $AM = s$, $A'M' = s'$, $VAU = \varepsilon$, on a

$$r^2 = a^2 + s^2 + s'^2 - 2ss'\cos\varepsilon,$$

d'où

$$r\frac{dr}{ds} = s - s'\cos\varepsilon, \quad r\frac{dr}{ds'} = s' - s\cos\varepsilon, \quad r\frac{d^2r}{ds\,ds'} + \frac{dr}{ds}\cdot\frac{dr}{ds'} = -\cos\varepsilon;$$

et comme

$$\frac{d\dfrac{1}{r}}{ds} = -\frac{\dfrac{dr}{ds}}{r^2}, \quad \frac{d^2\dfrac{1}{r}}{ds\,ds'} = -\frac{r\dfrac{d^2r}{ds\,ds'} - 2\dfrac{dr}{ds}\cdot\dfrac{dr}{ds'}}{r^3} = \frac{\cos\varepsilon + 3\dfrac{dr}{ds}\cdot\dfrac{dr}{ds'}}{r^3},$$

la valeur de l'action des deux éléments devient

$$\frac{1}{2}\,ii'ds\,ds'\left(\frac{\cos\varepsilon}{r^2} + r\frac{d^2\dfrac{1}{r}}{ds\,ds'}\right).$$

Pour avoir la composante parallèle à AA', il faut multiplier cette expression par le cosinus de l'angle MM'P que fait MM' avec M'P parallèle à AA', c'est-à-dire par $\dfrac{M'P}{M'M}$, ou $\dfrac{a}{r}$, ce qui donne

$$\frac{1}{2}\,aii''\,ds\,ds'\left(\frac{\cos\varepsilon}{r^3}+\frac{d^2\frac{1}{r}}{ds\,ds'}\right);$$

et en intégrant dans toute l'étendue des deux courants, on trouve pour l'action totale

$$\frac{1}{2}\,aii'\left(\frac{1}{r}+\cos\varepsilon\iint\frac{ds\,ds'}{r^3}\right).$$

Si les deux courants font entre eux un angle droit, on a $\cos\varepsilon=0$, et l'action parallèle à AA' se réduit, en prenant l'intégrale entre les limites convenables, et en employant les mêmes notations que ci-dessus, à

$$\frac{1}{2}\,ii''\left(\frac{a}{r'_2}-\frac{a}{r''_1}-\frac{a}{r'_2}+\frac{a}{r'_1}\right).$$

Cette expression est proportionnelle à la plus courte distance des courants, et devient par conséquent nulle quand ils sont dans un même plan, comme cela doit être évidemment

Si les courants sont parallèles, on a $\varepsilon=0$ et

$$r^2=a^2+(s-s')^2,$$

d'où

$$\iint\frac{ds\,ds'}{r^3}=\int ds'\int\frac{ds}{[a^2+(s-s')^2]^{\frac{3}{2}}}$$
$$=\int ds'\,\frac{s-s'}{a^2\sqrt{a^2+(s-s')^2}}=-\frac{\sqrt{a^2-(s-s')^2}}{a^2}=-\frac{r}{a^2},$$

c'est-à-dire entre les limites des intégrations,

$$\frac{r'_2+r''_1-r'_1-r''_2}{a^2}$$

et comme $\cos \varepsilon = 1$, l'action totale devient

$$\frac{1}{2} \, ii' \left(\frac{a}{r''_2} - \frac{a}{r'_2} - \frac{a}{r''_1} + \frac{a}{r'_1} + \frac{r''_1 + r'_2 - r''_2 - r'_1}{a} \right).$$

Nous verrons plus tard comment se fait l'intégration dans le cas où l'angle ε est quelconque.

Cherchons maintenant le moment de rotation autour de la commune perpendiculaire : pour cela il faut connaître d'abord la composante suivant MP, et la multiplier par la perpendiculaire AQ abaissée de A sur MP, ce qui revient à multiplier la force suivant MM' par $\frac{MP}{MM'}$. AQ, ou par $\frac{ss' \sin \varepsilon}{r}$; on aura ainsi

$$\frac{1}{2} \, ii' \sin \varepsilon \left[ss' \frac{d^2 \frac{1}{r}}{ds \, ds'} \, ds \, ds' + ss' \frac{\cos \varepsilon \, ds \, ds'}{r^3} \right];$$

posant $\frac{ss'}{r} = q$, on aura

$$\frac{dq}{ds} = \frac{s'}{r} + \frac{ss' d \frac{1}{r}}{ds},$$

et

$$\frac{d^2 q}{ds \, ds'} = \frac{1}{r} - \frac{s'}{r^2} \cdot \frac{dr}{ds'} - \frac{s}{r^2} \cdot \frac{dr}{ds} + ss' \frac{d^2 \frac{1}{r}}{ds \, ds'}$$

$$= \frac{1}{r} - \frac{s'(s' - s \cos \varepsilon) + s(s - s' \cos \varepsilon)}{r^3} + ss' \frac{d^2 \frac{1}{r}}{ds \, ds'};$$

et en réduisant,

$$\frac{d^2 q}{ds \, ds'} = \frac{a^2}{r^3} + \frac{ss' d^2 \frac{1}{r}}{ds \, ds'},$$

d'où l'on tirera

$$ss' \frac{d^2 \frac{1}{r}}{ds \, ds'} = \frac{d^2 q}{ds \, ds'} - \frac{a^2}{r^3}.$$

Or, nous avons trouvé précédemment

$$r \frac{d^2 r}{ds \, ds'} + \frac{dr}{ds} \cdot \frac{dr}{ds'} = -\cos \varepsilon,$$

ou

$$r\,\frac{\mathrm{d}^2 r}{\mathrm{d}s\,\mathrm{d}s'} + \frac{(s - s'\cos\varepsilon)(s' - s\cos\varepsilon)}{r^2} = -\cos\varepsilon;$$

effectuant la multiplication et remplaçant $s^2 + s'^2$ par sa valeur tirée de

$$r^2 = a^2 + s^2 + s'^2 - 2ss'\cos\varepsilon,$$

on obtient, en réduisant,

$$\frac{\mathrm{d}^2 r}{\mathrm{d}s\,\mathrm{d}s'} + \frac{ss'\sin^2\varepsilon + a^2\cos\varepsilon}{r^3} = 0,$$

d'où

$$\frac{ss'}{r^3} = -\frac{1}{\sin^2\varepsilon}\left(\frac{\mathrm{d}^2 r}{\mathrm{d}s\,\mathrm{d}s'} + \frac{a^2\cos\varepsilon}{r^3}\right).$$

Substituant cette valeur ainsi que celle de $ss'\dfrac{\mathrm{d}^2\frac{1}{r}}{\mathrm{d}s\,\mathrm{d}s'}$ dans l'expression du moment de rotation de l'élément, il devient

$$\frac{1}{2}ii'\sin\varepsilon\,\mathrm{d}s\,\mathrm{d}s'\left[\frac{\mathrm{d}^2 q}{\mathrm{d}s\,\mathrm{d}s'} - \frac{a^2}{r^3} - \frac{\cos\varepsilon}{\sin^2\varepsilon}\left(\frac{\mathrm{d}^2 r}{\mathrm{d}s\,\mathrm{d}s'} + \frac{a^2\cos\varepsilon}{r^3}\right)\right]$$

$$= \frac{1}{2}ii'\,\mathrm{d}s\,\mathrm{d}s'\left(\sin\varepsilon\,\frac{\mathrm{d}^2 q}{\mathrm{d}s\,\mathrm{d}s'} - \frac{a^2\sin\varepsilon}{r^3} - \cot\varepsilon\,\frac{\mathrm{d}^2 r}{\mathrm{d}s\,\mathrm{d}s'} - \frac{\cos^2\varepsilon}{\sin\varepsilon}\cdot\frac{a^2}{r^3}\right)$$

$$= \frac{1}{2}ii'\,\mathrm{d}s\,\mathrm{d}s'\left(\sin\varepsilon\,\frac{\mathrm{d}^2 q}{\mathrm{d}s\,\mathrm{d}s'} - \cot\varepsilon\,\frac{\mathrm{d}^2 r}{\mathrm{d}s\,\mathrm{d}s'} - \frac{1}{\sin\varepsilon}\cdot\frac{a^2}{r^3}\right);$$

et intégrant par rapport à s et s', on a pour le moment total

$$\frac{1}{2}ii'\left(q\sin\varepsilon - r\cot\varepsilon - \frac{a^2}{\sin\varepsilon}\iint\frac{\mathrm{d}s\,\mathrm{d}s'}{r^3}\right);$$

le calcul se ramène donc, comme précédemment, à trouver la valeur de l'intégrale double $\iint\dfrac{\mathrm{d}s\,\mathrm{d}s'}{r^3}$.

Si les courants sont dans un même plan, on a $a = 0$, et le moment se réduit à

$$\frac{1}{2}ii'(q\sin\varepsilon - r\cot\varepsilon),$$

résultat qui coïncide avec celui que nous avons obtenu en traitant directement deux courants situés dans un même plan. Car q n'étant autre chose que $\dfrac{ss'}{r}$, et r devenant MP, on a

$$q \sin \varepsilon = \frac{ss' \sin \varepsilon}{r} = \frac{\mathrm{MP \cdot AQ}}{\mathrm{MP}} = \mathrm{AQ};$$

et nous avions trouvé par l'autre procédé,

$$\frac{1}{2} ii''(p - r \cot \varepsilon);$$

p désignant la perpendiculaire AQ : les deux résultats sont donc identiques. L'intégration faite entre les limites donne

$$\frac{1}{2} ii'[p''_2 - p''_1 - p'_2 + p'_1 + \cot \varepsilon (r''_1 + r'_2 - r''_2 - r'_1)];$$

si l'angle ε est droit, ce moment se réduit à

$$\frac{1}{2} ii''(p''_2 - p''_1 - p'_2 + p'_1).$$

Lorsque $\varepsilon = \dfrac{\pi}{2}$, mais que a n'est pas nul, le moment ci-dessus devient

$$\frac{1}{2} ii' \left(q - a^2 \iint \frac{ds\,ds'}{r^3} \right).$$

L'intégrale qu'il s'agit de calculer dans ce cas est

$$\int ds' \int \frac{ds}{r^3} = \int ds' \int \frac{ds}{(a^2 + s^2 + s'^2)^{\frac{3}{2}}} = \int \frac{s}{(a^2 + s'^2)\sqrt{a^2 + s^2 + s'^2}} ds',$$

qu'il faut intégrer de nouveau par rapport à s'; il vient

$$\int \frac{s\,ds'}{(a^2 + s'^2)\sqrt{a^2 + s^2 + s'^2}} = \int \frac{(a^2 + s^2)s\,ds'}{(a^4 + a^2 s'^2 + a^2 s^2 + s^2 s'^2)\sqrt{a^2 + s^2 + s'^2}} =$$

$$\int \frac{s(a^2 + s^2)\dfrac{ds'}{\sqrt{a^2 + s^2 + s'^2}}}{a^2(a^2 + s^2 + s'^2) + s^2 s'^2} = \int \frac{\dfrac{s(a^2 + s^2)\,ds'}{(a^2 + s^2 + s'^2)^{\frac{1}{2}}}}{a^2 + \dfrac{s^2 s'^2}{a^2 + s^2 + s'^2}} = \int \frac{\dfrac{dq}{ds'}\,ds'}{a^2 + q^2} = \frac{1}{2}\,\mathrm{arc\,tang}\,\frac{q}{a} + \mathrm{C}$$

Soit M la valeur du moment de rotation lorsque les deux courants électriques, dont les longueurs sont s et s', partent des points où leurs directions rencontrent la droite qui en mesure la plus courte distance, on aura

$$M = \frac{1}{2}\, ii'\left(q - a \text{ arc tang } \frac{q}{a}\right),$$

expression qui se réduit, quand $a = 0$, à $M = \frac{1}{2}\, ii'q$, ce qui s'accorde avec la valeur $M = \frac{1}{2}\, ii'p$ que nons avons déjà trouvée pour ce cas, parce qu'alors q devient la perpendiculaire que nous avions désignée par p. Si l'on suppose a infini, M devient nul, comme cela doit être, puisqu'il en résulte

$$a \text{ arc tang } \frac{q}{a} = q.$$

Si l'on nomme z l'angle dont la tangente est

$$\frac{ss'}{a \sqrt{a^2 + s^2 + s'^2}},$$

il viendra

$$M = \frac{1}{2}\, ii'q \left(1 - \frac{z}{\text{tang } z}\right);$$

c'est la valeur du moment de rotation qui serait produit par une force égale à

$$\frac{1}{2}\, ii'\left(1 - \frac{z}{\text{tang } z}\right),$$

agissant suivant la droite qui joint les deux extrémités des conducteurs opposées à celles où ils sont rencontrés par la droite qui en mesure la plus courte distance.

Il suffit de quadrupler ces expressions pour avoir le moment de rotation produit par l'action mutuelle de deux conducteurs dont l'un serait mobile autour de la droite qui mesure leur plus courte distance, dans le cas où cette droite rencontre les deux conducteurs à leurs milieux, et où leurs longueurs sont respectivement réprésentées par $2s$ et $2s'$.

Il est, au reste, aisé de voir que si, au lieu de supposer que les deux courants partent du point où ils rencontrent la droite, on avait fait le calcul pour des limites quelconques, on aurait trouvé une valeur de M composée de quatre termes de la forme de celui que nous avons obtenu dans ce cas particulier, deux de ces termes étant positifs et les deux autres négatifs.

Considérons maintenant deux courants rectilignes A'S', L'L″ (fig. 27), non situés dans un même plan et dont les directions fassent un angle droit.

Soit A'A leur commune perpendiculaire, et cherchons l'action de L'L″ pour faire tourner A'S' autour d'une parallèle OV à L'L″ menée à la distance A'O $= b$ de A.

Soient M, M' deux éléments quelconques de ces courants; l'expression générale de la composante de leur action parallèle à la perpendiculaire commune AA', devient, en faisant $\varepsilon = \dfrac{\pi}{2}$,

$$\frac{1}{2}\, aii'' \,\frac{\mathrm{d}^2\frac{1}{r}}{\mathrm{d}s\,\mathrm{d}s'}\,\mathrm{d}s\,\mathrm{d}s';$$

son moment par rapport au point O est donc, en prenant A' pour origine des s', égal à

$$\frac{1}{2}\, aii''(s' - b)\,\frac{\mathrm{d}^2\frac{1}{r}}{\mathrm{d}s\,\mathrm{d}s'}\,\mathrm{d}s\,\mathrm{d}s';$$

en intégrant par rapport à s, il vient

$$\frac{1}{2}\, aii''(s' - b)\,\frac{\mathrm{d}\frac{1}{r}}{\mathrm{d}s'}\,\mathrm{d}s';$$

et en appelant r' et r'' les distances M'L', M'L″ de M' aux points L', L″, et intégrant entre ces limites l'action de L'L″, pour faire tourner l'élément M', est

$$\frac{1}{2}\, aii''(s' - b)\,\mathrm{d}s'\left(\frac{\mathrm{d}\frac{1}{r''}}{\mathrm{d}s'} - \frac{\mathrm{d}\frac{1}{r'}}{\mathrm{d}s'}\right),$$

expression qu'il faut intégrer par rapport à s'. Or

$$\frac{1}{2} aii' \int (s'-b) d\frac{1}{r''} = \frac{1}{2} aii' \left(\frac{s'-b}{r''} - \int \frac{ds'}{r''} \right),$$

et il est d'ailleurs aisé de voir qu'en nommant c la valeur AL'' de s qui correspond à r'', et qui est une constante dans l'intégration actuelle, on a $A'L'' = \sqrt{a^2 + c^2}$, d'où il suit que

$$r'' = \frac{\sqrt{a^2+c^2}}{\sin \beta''}, \quad s' = -\sqrt{a^2+c^2} \cot \beta'', \quad ds' = \frac{\sqrt{a^2+c^2}}{\sin^2 \beta''} d\beta'';$$

ainsi

$$\int \frac{ds'}{r''} = \int \frac{d\beta''}{\sin \beta''} = L \frac{\tang \frac{1}{2} \beta_2''}{\tang \frac{1}{2} \beta_1''};$$

le second terme s'intégrera de la même manière, et l'on aura enfin pour le moment de rotation cherché

$$\frac{1}{2} aii' \left(\frac{s_2'-b}{r_2''} - \frac{s_1'-b}{r_1''} - \frac{s_2'-b}{r_2'} + \frac{s_1'-b}{r_1'} - L \frac{\tang\frac{1}{2}\beta_2'' \, \tang\frac{1}{2}\beta_1'}{\tang\frac{1}{2}\beta_1'' \, \tang\frac{1}{2}\beta_2'} \right).$$

Dans le cas où l'axe de rotation parallèle à la droite $L'L''$ où s passe par le point d'intersection A' des droites a et s', on a $b = 0$; et si l'on suppose, en outre, que le courant qui parcourt s' part de ce point d'intersection, on aura de plus

$$s_1' = 0, \quad \beta_1' = \frac{\pi}{2}, \quad \beta_1'' = \frac{\pi}{2},$$

en sorte que la valeur du moment de rotation se réduira à

$$\frac{1}{2} aii' \left(\frac{s_2'}{r_2''} - \frac{s_2'}{r_2'} - L \frac{\tang\frac{1}{2}\beta_2''}{\tang\frac{1}{2}\beta_2'} \right).$$

Je vais maintenant chercher l'action d'un fil conducteur plié suivant le périmètre d'un rectangle $K'K''L''L'$ pour faire tourner un conducteur rectiligne $A'S' = s_2'$, perpendiculaire sur le plan de ce rectangle, et mobile autour d'un de ses côtés $K'K''$ qu'il rencontre au point A' : le moment produit par l'action de ce côté $K'K''$ étant alors évidemment nul, il faudra à celui qui est dû à l'action de $L'L''$ et dont nous venons de calculer la valeur, ajouter le moment produit par K′L′ dans le même sens que celui de L′L″, et en ôter celui qui l'est par K″L″ dont l'action tend à faire tourner A′S′ en sens contraire ; or, d'après les calculs précédents, en nommant g et h les plus courtes distances A′K′, A′K″, de AS′ aux droites K′L′, K″L″ qui sont toutes deux égales à a, on a pour les valeurs absolues de ces moments

$$\frac{1}{2}\, ii'' \left(q' - g \arctan\frac{q'}{g} \right), \quad \frac{1}{2}\, ii'' \left(q'' - h \arctan\frac{q''}{h} \right),$$

en faisant

$$q' = \frac{as'_2}{\sqrt{g^2 + a^2 + s'^2}} = \frac{as'_2}{r'_2}, \quad q'' = \frac{as'_2}{\sqrt{h^2 + a^2 + s'^2}} = \frac{as'_2}{r''_2},$$

celle du moment total est donc

$$\frac{1}{2}\, ii'' \left(h \arctan\frac{q''}{h} - g \arctan\frac{q'}{g} - a\,\mathrm{L}\, \frac{\tan\frac{1}{2}\beta''_2}{\tan\frac{1}{2}\beta'_2} \right).$$

Telle est la valeur du moment de rotation résultant de l'action d'un conducteur ayant pour forme le périmètre d'un rectangle, et agissant sur un conducteur mobile autour d'un des côtés du rectangle, lorsque la direction de ce conducteur est perpendiculaire au plan du rectangle, quelle que soit d'ailleurs sa distance aux autres côtés du rectangle et les dimensions de celui-ci. En déterminant par l'expérience l'instant où le conducteur mobile est en équilibre entre les actions opposées de deux rectangles situés dans le même plan, mais de grandeurs différentes et à des distances différentes du conducteur mobile, on a un moyen bien simple de se procurer des vérifications de ma formule susceptible d'une grande précision ; c'est ce qu'on peut faire aisément à l'aide d'un instrument dont il est trop facile de concevoir la construction pour qu'il soit nécessaire de l'expliquer ici.

Intégrons maintenant l'expression $\iint \dfrac{ds\,ds'}{r^3}$ dans l'étendue de deux courants rectilignes non situés dans un même plan, et faisant entre eux un angle quelconque ε, dans le cas où ces courants commencent à la perpendiculaire commune ; les autres cas s'en déduisant immédiatement.

Soient A (fig. 28) le point où la commune perpendiculaire rencontre la direction AM du courant s, AM' une parallèle menée par ce point au courant s', et mm' la projection sur le plan MAM' de la droite qui joint les deux éléments ds, ds'.

Menons par A une ligne An parallèle et égale à mm', et formons en n un petit parallélogramme nn', ayant ses côtés parallèles aux droites MAN, AM', et égaux à ds, ds'.

Si l'on répète la même construction pour tous les éléments, les parallélogrammes ainsi formés composeront le parallélogramme entier NAM'D, et, leur surface ayant pour mesure $ds\,ds'\sin\varepsilon$, on obtiendra l'intégrale proposé multipliée par $\sin\varepsilon$, en cherchant le volume ayant pour base NAM'D, et terminé à la surface dont les ordonnées élevées aux différents points de cette base ont pour valeur $\frac{1}{r^3}$; r étant la distance des deux éléments des courants, qui correspondent, d'après notre construction, à tous ces points de la surface NAMD.

Or, pour calculer ce volume, nous pourrons partager la base en triangles ayant pour sommet commun le point A.

Soient Ap une droite menée à l'un quelconque des points de l'aire du triangle AND, et $pqq'p'$ l'aire comprise entre les deux droites infiniment voisines Ap, Aq' et les deux arcs de cercle décrits de A avec les rayons A$p = u$ et A$p' = u + du$: nous aurons, à cause que l'angle NAM' $= \pi - \varepsilon$ et en appelant φ l'angle NAp,

$$\sin\varepsilon \iint \frac{ds\,ds'}{r^3} = \iint \frac{u\,du\,d\varphi}{r^3}.$$

Or, si a désigne la perpendiculaire commune aux directions des deux conducteurs, et s et s' les distances comptées de A sur les deux courants, on a

$$r = \sqrt{a^2 + u^2}, \quad u = \sqrt{s^2 + s'^2 - 2ss'\cos\varepsilon} :$$

donc, en intégrant d'abord depuis $u = 0$ jusqu'à $u = \mathrm{AR} = u_1$,

$$\sin\varepsilon \iint \frac{ds\,ds'}{r^3} = \iint \frac{u\,du\,d\varphi}{(a^2 + u^2)^{\frac{3}{2}}} = \int d\varphi \left(\frac{1}{a} - \frac{1}{\sqrt{a^2 + u_1^2}} \right).$$

Il reste à intégrer cette dernière expression par rapport à φ : pour cela nous calculerons u_1 en fonction de φ par la proportion $AN : AR :: \sin(\varphi + \varepsilon) : \sin \varepsilon$, ou $s : u_1 :: \sin(\varphi + \varepsilon) : \sin \varepsilon$; et en substituant à $a^2 + u_1^2$ la valeur tirée de cette proportion, nous aurons à calculer

$$\int d\varphi \left[\frac{1}{a} - \frac{1}{\sqrt{a^2 + \frac{s^2 \sin^2 \varepsilon}{\sin^2(\varphi + \varepsilon)}}} \right] = \frac{\varphi}{a} - \int \frac{d\varphi \sin(\varphi + \varepsilon)}{\sqrt{s^2 \sin^2 \varepsilon + a^2 \sin^2(\varphi + \varepsilon)}}$$

$$= \frac{\varphi}{a} + \frac{1}{a} \int \frac{d\cos(\varphi + \varepsilon)}{\sqrt{\frac{a^2 + s^2 \sin^2 \varepsilon}{a^2} - \cos^2(\varphi + \varepsilon)}} = \frac{1}{a} \left[\varphi + \arcsin \frac{a \cos(\varphi + \varepsilon)}{\sqrt{a^2 + s^2 \sin^2 \varepsilon}} + C \right].$$

Nommons μ et μ' les angles NAD, M'AD, et prenons l'intégrale précédente entre $\varphi = 0$ et $\varphi = \mu$, elle devient alors

$$\frac{1}{a} \left[\mu + \arcsin \frac{a \cos(\mu + \varepsilon)}{\sqrt{a^2 + s^2 \sin^2 \varepsilon}} - \arcsin \frac{a \cos \varepsilon}{\sqrt{a^2 + s^2 \sin^2 \varepsilon}} \right],$$

et, à cause de $\mu + \varepsilon = \pi - \mu'$, elle se change en

$$\frac{1}{a} \left[\mu - \arcsin \frac{a \cos \mu'}{\sqrt{a^2 + s^2 \sin^2 \varepsilon}} - \arcsin \frac{a \cos \varepsilon}{\sqrt{a^2 + s^2 \sin^2 \varepsilon}} \right];$$

or

$$\cos \mu' = \frac{AK}{AD} = \frac{s' - s \cos \varepsilon}{\sqrt{(s' - s \cos \varepsilon)^2 + s^2 \sin^2 \varepsilon}} = \frac{s' - s \cos \varepsilon}{\sqrt{s^2 + s'^2 - 2ss' \cos \varepsilon}},$$

d'où l'on tire pour l'intégrale l'expression suivante :

$$\frac{1}{a} \left[\mu - \arcsin \frac{a(s' - s \cos \varepsilon)}{\sqrt{a^2 + s^2 \sin^2 \varepsilon} \sqrt{s^2 + s'^2 - 2ss' \cos \varepsilon}} - \arcsin \frac{a \cos \varepsilon}{\sqrt{a^2 + s^2 \sin^2 \varepsilon}} \right],$$

ou, en passant du sinus à la tangente pour les deux arcs,

$$\frac{1}{a} \left[\mu - \arctan \frac{a(s' - s \cos \varepsilon)}{s \sin \varepsilon \sqrt{a^2 + s^2 + s'^2 - 2ss' \cos \varepsilon}} - \arctan \frac{a \cot \varepsilon}{\sqrt{a^2 + s^2}} \right];$$

et comme on trouve l'intégrale relative au triangle M'AD en changeant dans cette expression μ en μ' et s en s', on a pour l'intégrale totale, à cause que $\mu + \mu' = \pi - \varepsilon$,

$$\frac{1}{a}\left(\pi - \varepsilon - \text{arc tang } \frac{a(s' - s\cos\varepsilon)}{s\sin\varepsilon\sqrt{a^2 + s^2 + s'^2 - 2ss'\cos\varepsilon}} - \text{arc tang } \frac{a\cot\varepsilon}{\sqrt{a^2 + s^2}}\right.$$

$$\left. - \text{arc tang } \frac{a(s - s'\cos\varepsilon)}{s'\sin\varepsilon\sqrt{a^2 + s^2 + s'^2 - 2ss'\cos\varepsilon}} - \text{arc tang } \frac{a\cot\varepsilon}{\sqrt{a^2 + s'^2}}\right).$$

En calculant la tangente de la somme des deux arcs dont les valeurs contiennent s et s', on change cette expression en

$$\frac{1}{a}\left(\pi - \varepsilon - \text{arc tang } \frac{a\sin\varepsilon\sqrt{a^2 + s^2 + s'^2 - 2ss'\cos\varepsilon}}{ss'\sin^2\varepsilon + a^2\cos\varepsilon}\right.$$

$$\left. - \text{arc tang } \frac{a\cot\varepsilon}{\sqrt{a^2 + s^2}} - \text{arc tang } \frac{a\cot\varepsilon}{\sqrt{a^2 + s'^2}}\right);$$

et comme

$$\frac{\pi}{2} - \text{arc tang } \frac{a\sin\varepsilon\sqrt{a^2 + s^2 + s'^2 - 2ss'\cos\varepsilon}}{ss'\sin^2\varepsilon + a^2\cos\varepsilon}$$

$$= \text{arc tang } \frac{ss'\sin^2\varepsilon + a^2\cos\varepsilon}{a\sin\varepsilon\sqrt{a^2 + s^2 + s'^2 - 2ss'\cot\varepsilon}},$$

on a, en divisant par $\sin\varepsilon$,

$$\iint \frac{ds\,ds'}{r^3} = \frac{1}{a\sin\varepsilon}\left(\text{arc tang } \frac{ss'\sin^2\varepsilon + a^2\cos\varepsilon}{a\sin\varepsilon\sqrt{a^2 + s^2 + s'^2 - 2ss'\cos\varepsilon}}\right.$$

$$\left. - \text{arc tang } \frac{a\cot\varepsilon}{\sqrt{a^2 + s^2}} - \text{arc tang } \frac{a\cot\varepsilon}{\sqrt{a^2 + s'^2}} + \frac{\pi}{2} - \varepsilon\right).$$

expression qui, lorsqu'on suppose $\varepsilon = \frac{\pi}{2}$, se réduit à

$$\frac{1}{a}\left(\text{arc tang } \frac{ss'}{a\sqrt{a^2 + s^2 + s'^2}}\right),$$

comme nous l'avons trouvé précédemment.

On peut remarquer que le premier terme de la valeur que nous venons de trouver dans le cas général est l'intégrale indéfinie de

$$\frac{ds\,ds'}{(a^2 + s^2 + s'^2 - 2ss'\cos\varepsilon)^{\frac{3}{2}}},$$

comme on peut le vérifier par la différenciation, et que les trois autres s'obtiennent en faisant successivement dans cette intégrale indéfinie :

$$1° \ s' = 0; \quad 2° \ s = 0; \quad 3° \ s' = 0 \quad \text{et} \quad s = 0.$$

Si les courants ne partaient pas de la commune perpendiculaire, on aurait une intégrale composée encore de quatre termes qui seraient tous de même forme que l'intégrale indéfinie.

Nous avons considéré jusqu'ici l'action mutuelle de courants électriques situés dans un même plan, et de courants rectilignes situés d'une manière quelconque dans l'espace ; il nous reste à examiner l'action mutuelle des courants curvilignes qui ne seraient pas dans un même plan. Nous supposerons d'abord que ces courants décrivent des courbes planes et fermées, dont toutes les dimensions soient infiniment petites. Nous avons vu que l'action d'un courant de cette espèce dépendait de trois intégrales A, B, C, dont les valeurs sont

$$A = \lambda \left(\frac{\cos \xi}{l^3} - \frac{3gx}{l^5} \right),$$

$$B = \lambda \left(\frac{\cos \eta}{l^3} - \frac{3gy}{l^5} \right),$$

$$C = \lambda \left(\frac{\cos \zeta}{l^3} - \frac{3gz}{l^5} \right).$$

Concevons maintenant dans l'espace une ligne quelconque MmO (P. II, fig. 29), qu'entourent des courants électriques formant de très petits circuits fermés autour de cette ligne, dans des plans infiniment rapprochés qui lui soient perpendiculaires, de manière que les aires comprises dans ces circuits soient toutes égales entre elles et représentées par λ, que leurs centres de gravité soient sur MmO, et qu'il y ait partout la même distance, mesurée sur cette ligne, entre deux plans consécutifs. En appelant g cette distance que nous regarderons comme infiniment petite, le nombre des courants qui se trouveront répondre à un élément de ds de la ligne MmO, sera $\frac{ds}{g}$; et il faudra multiplier par ce nombre les valeurs de A, B, C que nous venons de trouver pour un seul circuit, afin d'avoir celles qui se rapportent aux circuits de l'élément ds; en intégrant ensuite, depuis l'une des extrémités L' de l'arc s, jusqu'à l'autre extrémité L'' de cet arc, on aura les valeurs de A, B, C relatives à l'assemblage de tous les circuits qui l'entourent, assemblage auquel j'ai donné le nom de *solénoïde électro-dynamique*, du mot grec σωληνοειδής, dont la signification exprime précisément ce qui a la forme d'un canal, c'est-à-dire la surface de cette forme sur laquelle se trouvent tous les circuits.

On a ainsi, pour tout le solénoïde,

$$A = \frac{\lambda}{g} \int \left(\frac{\cos\xi \, ds}{l^3} - \frac{3qx \, ds}{l^5} \right),$$

$$B = \frac{\lambda}{g} \int \left(\frac{\cos\eta \, ds}{l^3} - \frac{3qy \, ds}{l^5} \right),$$

$$C = \frac{\lambda}{g} \int \left(\frac{\cos\zeta \, ds}{l^3} - \frac{3qz \, ds}{l^5} \right).$$

Or, la direction de la ligne g, perpendiculaire au plan de λ, étant parallèle à la tangente à la courbe s, on a

$$\cos\xi = \frac{dx}{ds}, \quad \cos\eta = \frac{dy}{ds}, \quad \cos\zeta = \frac{dz}{ds}.$$

De plus, q est évidemment égale à la somme des projections des trois coordonnées x, y, z, sur sa direction ; ainsi

$$q = \frac{x \, dx + y \, dy + z \, dz}{ds} = \frac{l \, dl}{ds},$$

puisqu'on a $l^2 = x^2 + y^2 + z^2$. Substituant ces valeurs dans celle que nous venons de trouver pour C, elle devient

$$C = \frac{\lambda}{g} \int \left(\frac{dz}{l^3} - \frac{3z \, dl}{l^4} \right) = \frac{\lambda}{g} \left(\frac{z}{l^3} + C \right).$$

Nommant x', y', z', l' et x'', y'', z'', l'', les valeurs de x, y, z, l, relatives aux deux extrémités L', L'' du solénoïde, on a

$$C = \frac{\lambda}{g} \left(\frac{z''}{l''^3} - \frac{z'}{l'^3} \right).$$

En opérant de la même manière, pour les deux autres intégrales A, B, on trouve des expressions semblables pour les représenter, et les valeurs des trois quantités que nous nous sommes proposé de calculer pour le solénoïde entier sont

$$A = \frac{\lambda}{g}\left(\frac{x''}{l''^3} - \frac{x'}{l'^3}\right),$$

$$B = \frac{\lambda}{g}\left(\frac{y''}{l''^3} - \frac{y'}{l'^3}\right),$$

$$C = \frac{\lambda}{g}\left(\frac{z''}{l''^3} - \frac{z'}{l'^3}\right).$$

Si le solénoïde avait pour directrice une courbe fermée, on aurait $x'' = x'$, $y'' = y'$, $z'' = z'$, $l'' = l'$, et, par conséquent, $A = o$, $B = o$, $C = o$; s'il s'étendait à l'infini dans les deux sens, tous les termes des valeurs de A, B, C seraient nuls séparément, et il est évident que dans ces deux cas l'action exercée par le solénoïde se réduit à zéro. Si l'on suppose qu'il ne s'étende à l'infini que d'un seul côté, ce que j'exprimerai en lui donnant alors le nom de solénoïde indéfini dans un seul sens, on n'aura à considérer que l'extrémité dont les coordonnées x', y', z' ont des valeurs finies, car l'autre extrémité étant supposée à une distance infinie, les premiers termes de celles que nous venons de trouver pour A, B, C, sont nécessairement nuls; on a ainsi

$$A = -\frac{\lambda x'}{g l'^3}, \quad B = -\frac{\lambda y'}{g l'^3}, \quad C = -\frac{\lambda z'}{g l'^3},$$

donc $A : B : C :: x' : y' : z'$; d'où il suit que la normale au plan directeur, qui passe par l'origine et forme avec les axes des angles dont les cosinus sont

$$\frac{A}{D}, \quad \frac{B}{D}, \quad \frac{C}{D}$$

en faisant toujours $D = \sqrt{A^2 + B^2 + C^2}$, passe aussi par l'extrémité du solénoïde dont les coordonnées sont x', y', z'.

Nous avons vu, dans le cas général, que la résultante totale est perpendiculaire sur cette normale; ainsi l'action d'un solénoïde indéfini sur un élément est perpendiculaire à la droite qui joint le milieu de cet élément à l'extrémité du solénoïde; et comme elle l'est aussi à l'élément, il s'ensuit qu'elle est perpendiculaire au plan mené par cet élément et par l'extrémité du solénoïde.

Sa direction étant déterminée, il ne reste plus qu'à en connaître la valeur : or, d'après le calcul fait dans le cas général, cette valeur est

$$- \frac{D ii'' d s' \sin \epsilon'}{2},$$

ϵ' étant l'angle de l'élément ds' avec la normale au plan directeur; et comme $D = \sqrt{A^2 + B^2 + C^2}$, on trouve aisément

$$D = - \frac{\lambda}{g l'^2},$$

ce qui donne pour la valeur de la résultante

$$\frac{\lambda ii'' d s' \sin \epsilon}{2 g l'^2}.$$

On voit donc que l'action qu'un solénoïde indéfini dont l'extrémité est en L' (fig. 29) exerce sur l'élément ab, est normale en A au plan bAL', proportionnelle au sinus de l'angle bAL' et en raison inverse du carré de la distance AL', et qu'elle reste toujours la même, quelles que soient la forme et la direction de la courbe indéfinie L'L'' sur laquelle on suppose placés tous les centres de gravité des courants dont se compose le solénoïde indéfini.

Si l'on veut passer de là au cas d'un solénoïde défini dont les deux extrémités soient situées à deux points donnés L', L'', il suffira de supposer un second solénoïde indéfini commençant au point L'' du premier et coïncidant avec lui depuis ce point jusqu'à l'infini, ayant ses courants de même intensité, mais dirigés en sens contraire, l'action de ce dernier sera de signe contraire à celle du premier solénoïde indéfini partant du point L', et la détruira dans toute la partie qui s'étend depuis L'' jusqu'à l'infini dans la direction L''O où ils seront superposés; l'action du solénoïde L'L'' sera donc la même qu'exercerait la réunion de ces deux solénoïdes indéfinis, et se composera, par conséquent, de la force que nous venons de calculer et d'une autre force agissant en sens contraire, passant de même par le point A, perpendiculaire au plan bAL″, et ayant pour valeur

$$\frac{\lambda ii' \, ds' \sin \varepsilon''}{2 \, g l''^2},$$

ε'' étant l'angle bAL″, et l'' la distance AL″. L'action totale du solénoïde L′L″ est la résultante de ces deux forces, et passe, comme elles, par le point A.

Comme l'action d'un solénoïde défini se déduit immédiatement de celle du solénoïde indéfini, nous commencerons, dans tout ce qu'il nous reste à dire sur ce sujet, par considérer le solénoïde indéfini qui offre des calculs plus simples, et dont il est toujours facile de conclure ce qui a lieu relativement à un solénoïde défini.

Soient L′ (fig. 30), l'extrémité d'un solénoïde indéfini; A le milieu d'un élément quelconque ba d'un courant électrique $M_{\prime}AM_{\prime\prime}$, et L′K une droite fixe quelconque menée par le point L′; nommons θ l'angle variable KL′A, μ l'inclinaison des plans bAL′, AL′K, et l' la distance L′A. L'action de l'élément ba sur le solénoïde étant égale et opposée à celle que ce dernier exerce sur l'élément, il faut, pour la déterminer, considérer un point situé en A, lié invariablement au solénoïde, et sollicité par une force dont l'expression soit, abstraction faite du signe,

$$\frac{\lambda ii' \, ds' \sin b\mathrm{AL'}}{2 \, g l'^2} \quad \text{ou} \quad \frac{\lambda ii' \, dv}{g l'^3},$$

en nommant dv l'aire aL′b qui est égale à

$$\frac{l' \, ds' \sin b\mathrm{AL'}}{2}.$$

Comme cette force est normale en A au plan AL′b, il faut, pour avoir son moment par rapport à l'axe L′K, chercher sa composante perpendiculaire à AL′K, et la multiplier par la perpendiculaire à AP abaissée du point A sur la droite L′K. μ étant l'angle compris entre les plans AL′b, AL′K, cette composante s'obtient en multipliant l'expression précédente par cos μ; mais dv cos μ est la projection de l'aire dv sur le plan AL′K, d'où il suit qu'en représentant cette projection par du, la valeur de la composante cherchée est

$$\frac{\lambda ii' \, du}{g l'^3}.$$

Or, la projection de l'angle $aL'b$ sur AL'K peut être considérée comme la différence infiniment petite des angles KL'a et KL'b : ce sera donc $d\theta$, et l'on aura

$$du = \frac{l'^2 d\theta}{2};$$

ce qui réduit la dernière expression à

$$\frac{\lambda i i'' d\theta}{2 g l'};$$

et comme AP $= l$ sin θ, on a pour le moment cherché

$$\frac{\lambda i i''}{2 g} \sin\theta\, d\theta.$$

Cette expression, intégrée dans toute l'étendue de la courbe $M_1 AM_2$, donne le moment de ce courant pour faire tourner le solénoïde autour de L'K : or, si le courant est fermé, l'intégrale, qui est en général

$$C - \frac{\lambda i i' \cos\theta}{2 g},$$

s'évanouit entre les limites, et le moment est nul par rapport à une droite quelconque L'K passant par le point L'.

Il suit de là que dans l'action d'un circuit fermé, ou d'un système quelconque de circuits fermés sur un solénoïde indéfini, toutes les forces appliquées aux divers éléments du système donnent, autour d'un axe quelconque, les mêmes moments que si elles l'étaient à l'extrémité même du solénoïde ; que leur résultante passe par cette extrémité, et que ces forces ne peuvent, dans aucun cas, tendre à imprimer au solénoïde un mouvement de rotation autour d'une droite menée par son extrémité, ce qui est conforme aux résultats des expériences. Si le courant représenté par la courbe $M_1 AM_2$ n'était pas fermé, son moment pour faire tourner le solénoïde autour de L'K, en appelant θ'_1 et θ'_2 les valeurs extrêmes de θ relatives au point L' et aux extrémités M_1, M_2 de la courbe $M_1 AM_2$, serait

$$\frac{\lambda i i''}{2 g} (\cos\theta'_1 - \cos\theta'_2).$$

Considérons maintenant un solénoïde défini L'L" (fig. 31) qui ne puisse que tourner autour d'un axe passant par ses deux extrémités. Nous pourrons lui substituer, comme précédemment, deux solénoïdes indéfinis; et la somme des actions du courant M_1AM_2 sur chacun d'eux sera son action sur L'L". Nous venons de trouver le moment de la première, et en appelant θ_1'', θ_2'' les angles correspondants à θ_1', θ_2', mais relatifs à l'extrémité L", on aura pour celui de la seconde

$$- \frac{\lambda i i''}{2\,g} (\cos \theta_1'' - \cos \theta_2'');$$

le moment total produit par l'action de M_1AM_2, pour faire tourner le solénoïde autour de son axe L'L", sera donc

$$\frac{\lambda i i''}{2\,g} (\cos \theta_1' - \cos \theta_1'' - \cos \theta_2' + \cos \theta_2'').$$

Ce moment est indépendant de la ferme du conducteur M_1AM_2, de sa grandeur et de sa distance au solénoïde L'L", et reste le même quand elles varient de manière que les quatre angles θ_1', θ_1'', θ_2', θ_2'' ne changent pas de valeurs; il est nul non seulement quand le courant M_1M_2 forme un circuit fermé, mais encore quand on suppose que ce courant s'étend à l'infini dans les deux sens, parce qu'alors ses deux extrémités étant à une distance infinie de celles du solénoïde, l'angle θ_1' devient égal à θ_1'', et l'angle θ_2' à θ_2''.

Tous les moments de rotation autour des droites menées par l'extrémité d'un solénoïde indéfini étant nuls, cette extrémité est le point d'application de la résultante des forces exercées sur le solénoïde par un circuit électrique fermé ou par un système de courants formant des circuits fermés; on peut donc supposer que toutes ses forces y sont transportées, et la prendre pour l'origine A (fig. 32) des coordonnées : soit alors BM une portion d'un des courants qui agissent sur le solénoïde; la force due à un élément quelconque Mm de BM est, d'après ce qui précède, normale au plan AMm et exprimée par

$$\frac{\lambda i i'' d v}{g r^3},$$

dv étant l'aire AMm, et r la distance variable AM.

Pour avoir la composante de cette action suivant AX, on doit la multiplier par le cosinus de l'angle qu'elle fait avec AX, lequel est le même
que l'angle des plans AMm, ZAY; mais dv multiplié par ce cosinus
est la projection de AMm sur ZAY, qui est égale à

$$\frac{y\,dz - z\,dy}{2};$$

si donc on veut avoir l'action suivant AX exercée par un nombre
quelconque de courants formant des circuits fermés, il faudra prendre dans toute l'étendue de ces courants l'intégrale

$$\frac{\lambda ii''}{2g} \int \frac{y\,dz - z\,dy}{r^3} \quad \text{qui est} \quad \frac{\lambda ii'A}{2g},$$

A désignant toujours la même quantité que précédemment dans laquelle on a remplacé n par sa valeur 3; on trouvera semblablement
que l'action suivant AY est exprimée par

$$\frac{\lambda ii''B}{2g},$$

et celle qui a lieu suivant AZ, par

$$\frac{\lambda ii''C}{2g},$$

La résultante de ces trois forces, qui est l'action totale exercée par
un nombre quelconque de circuits fermés sur le solénoïde indéfini,
est donc égale à

$$\frac{\lambda ii''D}{2g},$$

en désignant toujours $\sqrt{A^2 + B^2 + C^2}$ par D; et les cosinus des angles qu'elle fait avec les axes des x, des y et des z, ont pour valeurs

$$\frac{A}{D}, \quad \frac{B}{D}, \quad \frac{C}{D},$$

qui sont précisément celles des cosinus des angles que fait avec les
mêmes axes la normale au plan directeur que l'on obtiendrait en
considérant l'action des mêmes circuits sur un élément situé en A.

Or, cet élément serait porté par l'action du système dans une direction comprise dans le plan directeur ; d'où l'on tire cette conséquence remarquable, que lorsqu'un système quelconque de circuits fermés agit alternativement sur un solénoïde indéfini et sur un élément situé à l'extrémité de ce solénoïde, les directions suivant lesquelles sont portés respectivement l'élément et l'extrémité du solénoïde, sont perpendiculaires entre elles. Si on suppose l'élément situé dans le plan directeur lui-même, l'action que le système exerce sur lui est à son maximum, et a pour valeur

$$\frac{ii''\,\mathrm{D}\,ds'}{2}.$$

Celle que le même système exerce sur le solénoïde vient d'être trouvée égale à

$$\frac{\lambda ii''\mathrm{D}}{2g} :$$

ces deux forces sont donc toujours entre elles dans le rapport constant pour un même élément et un même solénoïde

$$ds' : \frac{\lambda}{g} ;$$

c'est-à-dire, comme la longueur de l'élément est à l'aire de la courbe fermée que décrit un des courants du solénoïde divisée par la distance de deux courants consécutifs ; ce rapport est indépendant de la forme et de la grandeur des courants du système qui agit sur l'élément et sur le solénoïde.

Lorsque le système de circuits fermés que nous venons de considérer est lui-même un solénoïde indéfini, la normale au plan directeur passant par le point A est, comme nous venons de le voir, la droite qui joint ce point A à l'extrémité du solénoïde ; il suit de la que l'action mutuelle de deux solénoïdes indéfinis a lieu suivant la droite qui joint l'extrémité de l'un à l'extrémité de l'autre ; pour en trouver la valeur, nous désignerons par λ' l'aire des circuits formés par les courants de ce nouveau solénoïde, g' la distance entre les plans de deux de ces circuits qui se suivent immédiatement, l la distance des extrémités des deux solénoïdes indéfinis, et nous aurons

$D = -\dfrac{\lambda'}{g'l'^2}$, ce qui donne pour leur action mutuelle

$$\frac{\lambda i i'' D}{2g} = -\frac{\lambda\lambda' i i''}{2gg' l^2},$$

qui est en raison inverse du carré de la distance l. Quand l'un des solénoïdes est défini, on peut le remplacer par deux solénoïdes indéfinis,
et l'action se trouve composée de deux forces, l'une attractive et l'autre répulsive, dirigées suivant les droites qui joignent les deux extrémités du premier à l'extrémité du second. Enfin, dans le cas où deux
solénoïdes définis $L'L''$, L_1L_2 (fig. 33) agissent l'un sur l'autre, il y a
quatre forces dirigées respectivement suivant les droites $L'L_1$, $L'L_2$,
$L''L_1$, $L''L_2$ qui joignent leurs extrémités deux à deux ; et si, par
exemple, il y a répulsion suivant $L'L_1$ il y aura attraction suivant
$L'L_2$ et $L''L_1$, et répulsion suivant $L''L_2$.

Pour justifier la manière dont j'ai conçu les phénomènes que présentent les aimants, en les considérant comme des assemblages de
courants électriques formant de très petits circuits autour de leurs
particules, il fallait démontrer, en partant de la formule par laquelle
j'ai représenté l'action mutuelle de deux éléments de courants électriques, qu'il résulte de certains assemblages de ces petits circuits
des forces qui ne dépendent que de la situation de deux points déterminés de ce système, et qui jouissent, relativement à ces deux points,
de toutes les propriétés des forces qu'on attribue à ce qu'on appelle
des molécules de fluide austral et de fluide boréal, lorsqu'on explique
par ces deux fluides, les phénomènes que présentent les aimants,
soit dans leur action mutuelle, soit dans celle qu'ils exercent sur un
fil conducteur : or on sait que les physiciens qui préfèrent les explications où l'on suppose l'existence de ces molécules à celles que j'ai déduites des propriétés des courants électriques, admettent qu'à chaque
molécule de fluide austral répond toujours, dans chaque particule du
corps aimanté, une molécule de fluide boréal de même intensité, et
qu'en nommant élément magnétique l'ensemble de ces deux molécules qu'on peut considérer comme les deux pôles de cet élément,
il faut pour expliquer les phénomènes que présentent les deux
genres d'action dont il est ici question : 1° que l'action mutuelle de deux
éléments magnétiques se compose de quatre forces, deux attractives
et deux répulsives, dirigées suivant les droites qui joignent les deux

molécules d'un de ces éléments aux deux molécules de l'autre, et dont l'intensité soit en raison inverse des carrés de ces droites; 2° que quand un de ces éléments agit sur une portion infiniment petite de fil conducteur, il en résulte deux forces perpendiculaires aux plans passant par les deux molécules de l'élément et par la direction de la petite portion du fil, et qui soient proportionnelles aux sinus des angles que cette direction forme avec les droites qui en mesurent les distances aux deux molécules, et en raison inverse des carrés de ces distances. Tant qu'on n'admet pas la manière dont je conçois l'action des aimants, et tant qu'on attribue ces deux espèces de forces à des molécules d'un fluide austral et d'un fluide boréal, il est impossible de les ramener à un seul principe; mais dès qu'on adopte ma manière de voir sur la constitution des aimants, on voit, par les calculs précédents, que ces deux sortes d'actions et les valeurs des forces qui en résultent se déduisent immédiatement de ma formule, et qu'il suffit pour trouver ces valeurs de substituer à l'assemblage de deux molécules, l'une de fluide austral, l'autre de fluide boréal, un solénoïde dont les extrémités, qui sont les deux points déterminés dont dépendent les forces dont il s'agit soient situées précisément aux mêmes points où l'on supposerait placées les molécules des deux fluides.

Dès lors deux systèmes de très petits solénoïdes agiront l'un sur l'autre, d'après ma formule, comme deux aimants composés d'autant d'éléments magnétiques que l'on supposerait de solénoïdes dans ces deux systèmes; un de ces mêmes systèmes agira aussi sur un élément de courant électrique, comme le fait un aimant; et par conséquent tous les calculs, toutes les explications, fondés tant sur la considération des forces attractives et répulsives de ces molécules en raison inverse des carrés des distances, que sur celle de forces révolutives entre une de ces molécules et un élément de courant électrique, dont je viens de rappeler la loi telle que l'admettent les physiciens qui n'adoptent pas ma théorie, sont nécessairement les mêmes, soit qu'on explique comme moi par des courants électriques les phénomènes que produisent les aimants dans ces deux cas, ou qu'on préfère l'hypothèse des deux fluides. Ce n'est donc point dans ces calculs ou dans ces explications qu'on peut chercher ni les objections contre ma théorie, ni les preuves en sa faveur. Les preuves sur lesquelles je l'appuie, résultent surtout de ce qu'elle ramène à un principe unique trois sortes d'actions que l'ensemble des phénomènes prouve être dues à une cause commune, et qui ne peuvent y être ramenées autrement. En Suède, en Allemagne, en Angleterre, on a cru pouvoir les expliquer par le seul fait de l'action mutuelle de deux aimants, tel que Coulomb l'avait déterminé ; les expériences qui nous offrent des mouvements de rotation continue sont en contradiction manifeste avec cette idée. En France, ceux qui n'ont pas adopté ma théorie, sont obligés de regarder les trois genres d'action que j'ai ramenés à une loi commune, comme trois sortes de phénomènes absolument indépendants les uns des autres. Il est à remarquer, cependant, qu'on pourrait déduire de la loi proposée par M. Biot pour l'action mutuelle d'un élément de fil conducteur et de ce qu'il appelle une molécule magnétique, celle qu'a établie Coulomb relativement à l'action de deux aimants, si l'on admettait qu'un de ces aimants est composé de petits courants électriques, tels que ceux que j'y conçois ; mais alors comment pourrait-on ne pas admettre que l'autre est composé de même, et adopter, par conséquent, toute ma manière de voir ?

D'ailleurs, quoique M. Biot ait nommé force élémentaire (1) celle dont il a déterminé la valeur et la direction dans le cas où un élément de fil conducteur agit sur chacune des particules d'un aimant, il est clair qu'on ne peut regarder comme vraiment élémentaire, ni une force qui se manifeste dans l'action de deux éléments qui ne sont pas de même nature, ni une force qui n'agit pas suivant la droite qui joint les deux points entre lesquels elle s'exerce. Cependant, dans le *Mémoire* que cet habile physicien a communiqué à l'Académie les 30 octobre et 18 décembre 1820 (2), il regarde comme élémentaire la

---

(1) *Précis élémentaire de physique*, t. II, p. 122 de la seconde édition.

(2) Ce dernier Mémoire n'ayant pas été publié à part, je ne connais la formule qui y est donnée pour exprimer cette force que par le passage suivant de la seconde édition du *Précis élémentaire de physique*, t. II, p. 122 et 123.

« En divisant par la pensée toute la longueur du fil conjonctif Z′C′ (fig. 34) « en une infinité de tranches d'une très petite hauteur, on voit que chaque « tranche doit agir sur l'aiguille avec une énergie différente, selon sa distance « et sa direction. Or, ces forces élémentaires sont précisément le résultat simple « qu'il importe surtout de connaître ; car la force totale exercée par le fil « entier n'est que la somme de leurs actions. Mais le calcul suffit pour remon- « ter de cette résultante à l'action simple. C'est ce qu'a fait M. Laplace. Il a « déduit de nos observations, que la loi individuelle des forces élémentaires

force qu'exerce un élément de fil conducteur sur un molécule de fluide austral ou de fluide boréal, c'est-à-dire sur le pôle d'un élé-

« exercées par chaque tranche du fil conjonctif, était la raison inverse du carré « de la distance, c'est-à-dire précisément la même que l'on sait exister dans les « actions magnétiques ordinaires. Cette analyse montrait que, pour compléter « la connaissance de la force, il restait encore à déterminer si l'action de chaque « tranche du fil était la même dans toutes les directions à distance égale, ou si « elle était plus énergique dans certains sens que dans d'autres. Pour décider « cette question, j'ai tendu dans un plan vertical un long fil de cuivre ZMC « (fig. 34), en le pliant en M, de manière que les deux branches ZM, MC fissent « avec l'horizontale MH des angles égaux. Devant ce fil, j'en ai tendu un autre « Z'M'C' de même matière, de même diamètre, pris dans le même tirage; mais « j'ai disposé celui-ci verticalement, de manière qu'il ne fût séparé du premier « en MM' que par une bande de papier très mince. J'ai ensuite suspendu notre « aiguille aimantée AB devant ce système, à la hauteur des points M, M', et j'ai « observé ces oscillations pour diverses distances, en faisant successivement « passer le courant voltaïque par le fil plié et par le fil droit. J'ai trouvé ainsi « que, pour l'un comme pour l'autre, l'action était réciproque à la distance aux « points M, M'; mais l'intensité absolue était plus faible pour le fil oblique que « pour le fil droit, dans la proportion de l'angle ZMH à l'unité. Ce résultat ana- « lysé par le calcul, m'a paru indiquer que l'action de chaque élément μ du fil « oblique sur chaque molécule m de magnétisme austral ou boréal est réci- « proque au carré de sa distance μm à cette molécule, et proportionnelle au « sinus de l'angle $m\mu M$ formé par la distance μm avec la longueur du fil. »

Il est assez remarquable que cette loi qui est une conséquence rigoureuse de la formule par laquelle j'ai exprimé l'action mutuelle de deux éléments de fils conducteurs, quand on remplace, conformément à ma théorie, chaque élément magnétique par un très petit solénoïde électro-dynamique, a d'abord été trouvée par une erreur de calcul; en effet, pour qu'elle soit vraie, il faut que l'*intensité absolue* de la force soit proportionnelle, non pas à l'angle ZMH, mais à la tangente de la moitié de cet angle, ainsi que l'a démontré M. Savary, dans le Mémoire qu'il a lu à l'Académie, le 3 février 1823, qui a été publié dans le temps et se trouve ainsi dans le *Journal de physique*, t. XCVI, p. 1-25 et suiv. Il paraît, au reste, que M. Biot a reconnu cette erreur, car dans la troisième édition du même ouvrage qui vient de paraître, il donne, à la vérité, sans citer le Mémoire où elle avait été corrigée, de nouvelles expériences où l'intensité de la force totale est, conformément au calcul de M. Savary, proportionnelle à la tangente de la moitié de l'angle ZMH, et il en conclut de nouveau, avec plus de raison qu'il ne l'avait fait de ses premières expériences, que la force qu'il appelle élémentaire est, à distances égales, proportionnelle au sinus de l'angle compris entre la direction de l'élément de fil conducteur et celle de la droite qui en joint le milieu à la molécule magnétique. (*Précis élémentaire de physique expérimentale*, troisième édition, t. II, p. 740-745.)

ment magnétique, et il y considère comme un phénomène composé l'action mutuelle de deux éléments de conducteurs voltaïques. Or, on conçoit aisément que s'il existe en effet des molécules magnétiques, leur action mutuelle peut être considérée comme la force élémentaire : c'était le point de vue des physiciens de la Suède et de l'Allemagne, qui n'a pu supporter l'épreuve de l'expérience, puisque cette force étant proportionnelle à une fonction de la distance, ne peut jamais donner lieu au mouvement toujours accéléré dans le même sens, du moins tant que, comme ils le supposaient, les molécules magnétiques sont considérées comme fixées à des points déterminés des fils conducteurs qu'ils regardaient comme des assemblages de petits aimants, et alors les deux autres genres d'action étaient des phénomènes composés, puisque l'élément voltaïque l'était. On conçoit également que ce soit l'action mutuelle de deux éléments de fils conducteurs qui offre la force élémentaire : alors l'action mutuelle de deux éléments magnétiques, et celle qu'un de ces éléments exerce sur une portion infiniment petite de conducteur voltaïque, sont des actions composées, puisque l'élément magnétique doit, dans ce cas, être considéré comme composé. Mais comment concevoir que la force élémentaire soit celle qui se manifeste entre un élément magnétique et une portion infiniment petite de conducteur voltaïque, c'est-à-dire entre deux corps à la vérité d'un très petit volume, mais dont l'un est nécessairement composé, quelle que soit celle des deux manières d'interpréter les phénomènes dont nous venons de parler ?

La circonstance que présente la force exercée par un élément de fil conducteur sur un pôle d'un élément magnétique, d'agir dans une direction perpendiculaire à la droite qui joint les deux points entre lesquels se développe cette force, tandis que l'action mutuelle de deux éléments de conducteur a lieu suivant la ligne qui les joint, n'est pas une preuve moins démonstrative de ce que la première de ces deux forces est un phénomène composé. Toutes les fois que deux points matériels agissent l'un sur l'autre, soit en vertu d'une force qui leur soit inhérente, ou d'une force qui y naisse par une cause quelconque, telle qu'un phénomène chimique, une décomposition ou une recomposition du fluide neutre résultant de la réunion des deux électricités, on ne peut pas concevoir cette force autrement que comme une tendance de ces deux points à se rapprocher ou à s'éloigner l'un de l'autre suivant la droite qui les joint, avec des vitesses réciproquement proportionnelles à leurs masses, et cela lors même que cette force ne se transmettrait d'une des particules matérielles à l'autre que par un fluide interposé, comme la masse du boulet n'est portée en avant avec une certaine vitesse, par le ressort de l'air dégagé de la poudre, qu'autant que la masse du canon est portée en arrière suivant la même droite, passant par les centres d'inertie du boulet et du canon, avec une vitesse qui est à celle du boulet, comme la masse de celui-ci est à la masse du canon.

C'est là un résultat nécessaire de l'inertie de la matière, que Newton signalait comme un des principaux fondements de la théorie physique de l'univers, dans le dernier des trois axiomes qu'il a placés au commencement des *Philosophiæ naturalis principia mathematica*, en disant que l'action est toujours égale et opposée à la réaction; car deux forces qui donnent à deux masses des vitesses inverses de ces masses, sont des forces qui les feraient produire des pressions égales sur des obstacles qui s'opposeraient invinciblement à ce qu'elles se missent en mouvement, c'est-à-dire des forces égales. Pour que ce principe soit applicable dans le cas de l'action mutuelle de deux particules matérielles traversées par le courant électrique, lorsqu'on suppose cette action transmise par le fluide éminemment élastique qui remplit l'espace, et dont les vibrations constituent la lumière (1), il faut admettre que ce fluide n'a aucune inertie appréciable, comme l'air à l'égard du boulet et du canon; mais c'est ce dont on ne peut douter, puisqu'il n'oppose aucune résistance au mouvement des planètes. Le phénomène de la rotation du moulinet électrique avait porté plusieurs physiciens à admettre une inertie appréciable dans les deux fluides électriques, et par conséquent dans celui qui résulte de leur combinaison; mais cette supposition est en opposition avec tout ce que nous savons d'ailleurs de ces fluides, et avec le fait que les mouvements planétaires n'éprouvent aucune résistance de la part de l'éther; il n'y a plus d'ailleurs aucun motif de l'admettre, depuis que j'ai montré que la rotation du moulinet électrique est due à une répulsion électro-dynamique produite entre la pointe du moulinet et

---

(1) Ce fluide ne peut être que celui qui résulte de la combinaison des deux électricités. Afin d'éviter de répéter toujours la même phrase pour le désigner, je crois qu'on doit employer, comme Euler, le nom d'éther, en entendant toujours par ce mot le fluide ainsi défini.

les particules de l'air ambiant, par le courant électrique qui s'échappe de cette pointe (1).

Lorsque M. Œrsted eut découvert l'action que le fil conducteur exerce sur un aimant, on devait, à la vérité, être porté à soupçonner qu'il pouvait y avoir une action mutuelle entre deux fils conducteurs; mais ce n'était point une conséquence nécessaire de la découverte de ce célèbre physicien, puisqu'un barreau de fer doux agit aussi sur une aiguille aimantée, et qu'il n'y a cependant aucune action mutuelle entre deux barreaux de fer doux. Tant qu'on ne connaissait que le fait de la déviation de l'aiguille aimantée par le fil conducteur, ne pouvait-on pas supposer que le courant électrique communiquait seulement à ce fil la propriété d'être influencé par l'aiguille d'une manière analogue à celle dont l'est le fer doux par cette même aiguille, ce qui suffisait pour qu'il agît sur elle, sans que pour cela il dût en résulter aucune action entre deux fils conducteurs lorsqu'ils se trouveraient hors de l'influence de tout corps aimanté? L'expérience pouvait seule décider la question : je la fis au mois de septembre 1820, et l'action mutuelle des conducteurs voltaïques fut démontrée.

A l'égard de l'action de notre globe sur un fil conducteur, l'analogie entre la terre et un aimant suffisait sans doute pour rendre cette action extrêmement probable, et je ne vois pas trop pourquoi plusieurs des plus habiles physiciens de l'Europe pensaient qu'elle n'existait pas ; non seulement comme M. Erman, avant que j'eusse fait l'expérience qui la constatait (2), mais après que cette expérience eut été communiquée à l'Académie des sciences, dans sa séance du 30 octobre 1820, et répétée plusieurs fois, dans le courant de novembre de la même année, en présence de plusieurs de ses membres et d'un grand nombre d'autres physiciens, qui m'ont autorisé, dans le temps, à les citer comme ayant été témoins des mouvements produits par l'action de la terre sur les parties mobiles des

---

(1) Voyez la *note* que je lus à l'Académie, le 24 juin 1822, et qui est insérée dans les *Annales de chimie*, t. XX, p. 419-421, et dans mon *Recueil d'observations électro-dynamiques*, p. 316-318.

(2) Dans un Mémoire très remarquable, imprimé en 1820, ce célèbre physicien dit que le fil conducteur aura cet avantage sur l'aiguille aimantée dont on se sert pour des expériences délicates, que le mouvement qu'il prendra dans ces expériences ne sera point influencé par l'action de la terre.

appareils décrits et figurés dans les *Annales de chimie et de physique*, t. XV, p. 191-196 (P. II, fig. 5 et P. III, fig. 71), ainsi que dans mon *Recueil d'observations électro-dynamiques*, p. 43-48, puisque près d'un an après, les physiciens anglais élevaient encore des doutes sur les résultats d'expériences si complètes et faites devant un si grand nombre de témoins (1). On ne peut nier l'importance de ces expériences, ni se refuser à convenir que la découverte de l'action de la terre sur les fils conducteurs m'appartient aussi complètement que celle de l'action mutuelle de deux conducteurs. Mais c'était peu d'avoir découvert ces deux genres d'actions et de les avoir constatés par l'expérience ; il fallait encore :

1° Trouver la formule qui exprime l'action mutuelle de deux éléments de courants électriques ;

2° Montrer que d'après la loi, exprimée par cette formule, de l'attraction entre les courants qui vont dans le même sens, et de la répulsion entre ceux qui vont en sens contraire, soit que ces courants soient parallèles ou forment un angle quelconque (2), l'action de la terre sur les fils conducteurs est identique, dans toutes les circonstances qu'elle présente, à celle qu'exercerait sur ces mêmes fils un faisceau de courants électriques dirigés de l'est à l'ouest et situés au midi de l'Europe, où les expériences qui constatent cette action ont été faites ;

3° Calculer d'abord, en partant de ma formule et de la manière

---

(1) Voyez le Mémoire de M. Faraday, publié le 11 septembre 1821. La traduction de ce Mémoire se trouve dans les *Annales de chimie et de physique*, t. XVIII, p. 337-370, et dans mon *Recueil d'observations électro-dynamiques*, p. 125-158. C'est par une faute d'impression qu'elle porte la date du 4 septembre 1821, au lieu de celle du 11 septembre 1821.

(2) Les expériences qui mettent en évidence l'action mutuelle de deux courants rectilignes dans ces deux cas, furent communiquées à l'Académie dans la séance du 9 octobre 1820. Les appareils que j'avais employés sont décrits et figurés dans le t. XV des *Annales de chimie et de physique*, savoir : 1° celui pour l'action mutuelle de deux courants parallèles, p. 72 (Pl. I, fig. 1), et avec plus de détail dans mon *Recueil d'observations électro-dynamiques*, p. 16-18 ; 2° celui pour l'action mutuelle de deux courants formant un angle quelconque, p. 171 du même t. XV des *Annales de chimie et de physique* (Pl. II, fig. 2), et dans mon *Recueil*, p. 23. Les figures portent dans mon *Recueil* les mêmes numéros que dans les *Annales*.

dont j'ai expliqué les phénomènes magnétiques par des courants électriques formant de très petits circuits fermés autour des particules
des corps aimantés, l'action que doivent exercer l'une sur l'autre deux
particules d'aimants considérées comme deux petits solénoïdes équi-
valant chacun à deux molécules magnétiques, l'une de fluide austral,
l'autre de fluide boréal, et celle qu'une de ces particules doit exercer
sur un élément de fil conducteur; s'assurer ensuite que ces calculs
donnent précisément pour ces deux sortes d'actions, dans le premier
cas la loi établie par Coulomb pour l'action de deux aimants, et dans
le second celle que M. Biot a proposée, relativement aux forces qui se
développent entre un aimant et un fil conducteur. C'est ainsi que j'ai
ramené à un principe unique ces deux sortes d'actions, et celle que
j'ai découverte entre deux fils conducteurs. Il était sans doute facile,
d'après l'ensemble des faits, de conjecturer que ces trois sortes d'actions dépendaient d'une cause unique. Mais c'est par le calcul seul
qu'on pouvait justifier cette conjecture, et c'est ce que j'ai fait, sans
rien préjuger sur la nature de la force que deux éléments de fils conducteurs exercent l'un sur l'autre : j'ai cherché, d'après les seules
données de l'expérience, l'expression analytique de cette force; et en
la prenant pour point de départ, j'ai démontré qu'on en déduisait par
un calcul purement mathématique les valeurs des deux autres forces
telles qu'elles sont données par l'expérience, l'une entre un élément
de conducteur et ce qu'on appelle une molécule magnétique, l'autre
entre deux de ces molécules, en remplaçant, dans l'un et l'autre cas,
comme on doit le faire d'après ma manière de concevoir la constitution des aimants, chaque molécule magnétique par une des deux
extrémités d'un solénoïde électro-dynamique. Dès lors tout ce qu'on
peut déduire des valeurs de ces dernières forces subsiste nécessairement dans ma manière de considérer les effets qu'elles produisent, et devient une suite nécessaire de ma formule, et cela seul
suffirait pour démontrer que l'action mutuelle des deux éléments de
fils conducteurs est réellement le cas le plus simple et celui dont il
faut partir pour expliquer tous les autres; les considérations suivantes
me semblent propres à confirmer de la manière la plus complète ce
résultat général de mon travail, elles se déduisent facilement des
notions les plus simples sur la composition des forces, et sont relatives
à l'action mutuelle de deux systèmes, composés tous deux de points
infiniment rapprochés les uns des autres, dans les divers cas qui

peuvent se présenter suivant que ces systèmes ne contiennent que des points de même espèce, c'est-à-dire qui tous attirent ou repoussent les mêmes points de l'autre système, ou qu'il y ait, soit dans un de ces systèmes, soit dans tous les deux, des points de deux espèces opposées, dont les uns attirent ce que les autres repoussent et repoussent ce qu'ils attirent.

Supposons d'abord que chacun des deux systèmes soit composé de molécules de même espèce, c'est-à-dire que celles de l'un agissent toutes par attraction ou toutes par répulsion sur celles de l'autre, avec des forces proportionnelles à leurs masses ; soient MM′M″, etc. (fig. 35), les molécules qui composent le premier, et m une quelconque de celles du second : en composant successivement toutes les actions ma, mb, md, etc., exercées par M, M′, M″, etc., on obtiendra les résultantes mc, me, etc., dont la dernière sera l'action du système MM′M″ sur le point m, et passera à peu près par le centre d'inertie de ce système. En raisonnant de même relativement aux autres molécules du second système, on trouvera que les résultantes correspondantes passeront aussi toutes très près du centre d'inertie du premier système, et auront une résultante générale qui passera aussi à peu près par le centre d'inertie du second : nous nommerons *centres d'action* les deux points extrêmement voisins des centres respectifs d'inertie des deux systèmes par lesquels passe cette résultante générale ; il est évident qu'elle ne tendra, à cause des petites distances où ils sont des centres d'inertie, à imprimer à chaque système qu'un mouvement de translation.

Supposons, en second lieu, que les molécules du second système restant toutes de même espèce, celles du premier soient les unes attractives et les autres répulsives à l'égard de ces molécules du second système, les premières donneront une résultante of (fig. 36), passant par leur centre d'action N, et par le centre d'action o de l'autre système : de même, les particules répulsives donneront une résultante oe, passant par leur centre d'action P et par le même point o : la résultante générale sera donc la diagonale og ; et comme elle passe à peu près par le centre d'inertie du second système, elle ne tendra encore à lui imprimer qu'un mouvement de translation. Cette résultante est d'ailleurs dans le plan mené par les trois centres d'action o, N, P ; et quand les molécules attractives sont en même nombre que les répulsives, et agissent avec la même intensité, sa direction est, en outre, perpendiculaire à la droite oO qui divise l'angle PoN en deux parties égales.

Considérons enfin le cas où les deux systèmes seraient composés l'un et l'autre de molécules d'espèces différentes. Soient N et P (fig. 37) centres d'action respectifs des molécules attractives et répulsives du premier, soient n et p les centres correspondants du second, de sorte qu'il y ait attraction entre N et p, ainsi qu'entre n et P, et qu'il y ait répulsion entre N et n, de même qu'entre P et p. Les actions combinées de N et P sur p donneront une résultante dirigée suivant la diagonale pe : semblablement, les actions de N et P sur n donneront une résultante nf. Pour avoir la résultante générale, on prolongera ces deux lignes jusqu'à leur rencontre en o, et prenant $oh = pe$, et $ok = nf$, la diagonale ol sera la résultante cherchée qui donnera l'action exercée par le système PN sur le système pn. Mais comme le point o ne fait pas partie du système pn, il faudra concevoir qu'il est lié à ce système d'une manière invariable sans l'être au premier système PN ; et la force ol tendra généralement, en vertu de cette liaison, à opérer sur pn un mouvement de translation et un mouvement de rotation autour de son centre d'inertie.

Examinons maintenant la réaction exercée par le second système sur le premier : d'après l'axiome fondamental de la mécanique, que l'action et la réaction de deux particules l'une sur l'autre sont égales et directement opposées, il faudra, pour l'obtenir, composer successivement des forces égales et directement opposées à celles que les particules du premier système exercent sur les particules du second, et il est évident que la réaction totale ainsi trouvée sera toujours égale et directement opposée à l'action totale.

Dans le premier cas, la réaction sera donc représentée par la ligne me (fig. 35), égale et opposée à la résultante me, et que l'on pourra supposer appliquée au centre d'action du premier système qui se trouve sur sa direction ; d'où il suit qu'en négligeant toujours la petite différence de situation du centre d'action et du centre d'inertie, on n'aura encore ici qu'un mouvement de translation.

Dans le second cas, la réaction sera de même représentée par la ligne $o\gamma$ (fig. 36), égale et opposée à og. Mais comme le point o n'appartient pas au premier système, et que généralement celui-ci ne sera pas traversé par la direction $o\gamma$, il faudra concevoir que ce point o soit lié invariablement au premier système sans l'être au second ; et, par çette liaison, la force $o\gamma$ tendra généralement à opérer sur le système PN un double mouvement de translation et de rotation. Au reste, cette force $o\gamma$ est dans le plan PoN; et lorsque les molécules attractives sont en même nombre que les répulsives et agissent avec la même intensité, sa direction est, comme celle de og, perpendiculaire à oO.

Enfin, dans le troisième cas, la réaction sera représentée par la ligne $o\lambda$ (fig. 37), égale et opposée à la résultante ol, et appliquée comme elle au point o. Pour avoir l'action ol sur pn, nous avons conçu tout à l'heure que ce point o était lié à ce second système pn sans l'être au premier PN. Pour avoir maintenant la réaction exercée sur celui-ci, nous concevrons la force $o\lambda$ appliquée en un point situé en o, et lié au premier système PN sans l'être au second. Cette force tendra encore généralement à opérer sur PN un double mouvement de translation et de rotation.

Si l'on compare ces résultats avec les indications de l'expérience, relativement aux directions des forces qui s'exercent dans les trois genres d'actions que nous avons distingués plus haut, on verra aisément que les trois cas que nous venons d'examiner leur correspondent exactement. Lorsque deux éléments de conducteurs voltaïques agissent l'un sur l'autre, l'action et la réaction sont, comme dans le premier cas, dirigées suivant la droite qui joint ces deux éléments ; quand il s'agit de la force qui a lieu entre un élément de fil conducteur et une particule d'aimant contenant deux pôles d'espèces opposées, qui agissent en sens contraires avec des intensités égales, l'action et la réaction sont, comme dans le second cas, dirigées perpendiculairement à la droite qui joint la particule à l'élément ; et deux particules d'un barreau aimanté, qui ne sont elles-mêmes que deux très petits aimants, exercent l'une sur l'autre une action plus compliquée, semblable à celle que présente le troisième cas, et dont on ne peut de même rendre raison qu'en la considérant comme le résultat de quatre forces, deux attractives et deux répulsives : il est aisé d'en conclure qu'il n'y a que l'élément de fil conducteur dont on puisse supposer que tous les points exercent la même espèce d'action, et de juger quelle est, des trois sortes de forces dont il est ici question, celle qu'on doit regarder comme la plus simple.

Mais de ce que la force qui a lieu entre deux éléments de fils conducteurs est la plus simple, et de ce que celles qui se développent, l'une entre un de ces éléments et une particule d'aimant où se trouvent toujours deux pôles de même intensité, l'autre entre deux de ces particules, en sont des résultats plus ou moins compliqués, en faut-il conclure que la première de ces forces doive être considérée comme vraiment élémentaire ? C'est ce que j'ai toujours été si loin de penser que, dans les *Notes sur l'exposé sommaire des nouvelles expériences électro-magnétiques*, publiées en 1822 (1), je cherchais à en rendre raison par la réaction du fluide répandu dans l'espace, et dont les vibrations produisent les phénomènes de la lumière : j'ai seulement dit qu'on devait la considérer comme *élémentaire*, dans le sens où les chimistes rangent dans la classe des corps simples tous ceux qu'ils n'ont encore pu décomposer, quelles que soient d'ailleurs les présomptions fondées sur l'analogie qui pourraient porter à croire qu'ils sont réellement composés, et parce qu'après qu'on en a déduit la valeur des expériences et des calculs exposés dans ce Mémoire, c'était en partant de cette seule valeur qu'il fallait calculer celles de toutes les forces qui se manifestent dans les cas les plus compliqués.

Mais quand même elle serait due, soit à la réaction d'un fluide dont la rareté ne permet pas de supposer qu'il réagisse en vertu de sa masse, soit à une combinaison des forces propres aux deux fluides électriques, il ne s'ensuivrait pas moins que l'action serait toujours opposée à la réaction suivant une même droite ; car, ainsi qu'on l'a vu dans les considérations qu'on vient de lire, cette circonstance se rencontre nécessairement dans toute action complexe, quand elle a lieu pour les forces vraiment élémentaires dont se compose l'action complexe. En appliquant le même principe à la force qui s'exerce entre ce qu'on appelle une molécule magnétique et un élément de fil conducteur, on voit que si cette force, considérée comme agissant sur l'élément, passe par son milieu, la réaction de l'élément sur la molécule doit aussi être dirigée de manière à passer par ce milieu et non par la molécule. Cette conséquence d'un principe qu'avaient jusqu'à présent admis tous les physiciens, ne paraît pas au reste facile à démontrer par l'expérience, lorsqu'il s'agit de la force dont nous parlons, parce que dans toutes les expériences où l'on fait agir sur un aimant une portion de fil conducteur formant un circuit fermé, le résultat qu'on obtient pour l'action totale est le même, soit qu'on sup-

---

(1) *Recueil d'observations électro-dynamiques*, p. 215.

pose que cette force passe par l'élément de fil conducteur ou par la molécule magnétique, ainsi qu'on l'a vu dans ce Mémoire; c'est ce qui a porté plusieurs physiciens à supposer que l'action exercée par l'élément de fil conducteur passait seule par cet élément, et que la réaction lui étant opposée et parallèle n'était pas dirigée suivant la même droite, qu'elle passait par la molécule et formait avec la première fois ce qu'ils ont appelé un couple primitif.

Les calculs qui vont suivre me fourniront bientôt l'occasion d'examiner en détail cette singulière hypothèse. On verra, par cet examen, qu'elle n'est pas seulement opposée à l'un des principes fondamentaux de la mécanique, mais qu'elle est en outre absolument inutile pour l'explication des faits observés, et qu'une fausse interprétation de ces faits a pu seule porter à l'adopter les physiciens qui n'admettent pas que les aimants doivent réellement leurs propriétés à l'action des courants électriques qui entourent leurs particules.

Les phénomènes produits par les deux fluides électriques en mouvement dans les conducteurs voltaïques paraissent si différents de ceux qui en manifestent la présence quand ils sont en repos dans des corps électrisés à la manière ordinaire, qu'on a aussi prétendu que les premiers ne devaient pas être attribués aux mêmes fluides que les seconds. C'est précisément comme si l'on concluait de ce que la suspension du mercure dans le baromètre est un phénomène entièrement différent de celui du son, qu'on ne doit pas les attribuer au même fluide atmosphérique, en repos dans le premier cas et en mouvement dans le second; mais qu'il faut admettre, pour deux faits aussi différents, deux fluides dont l'un agisse seulement pour presser la surface libre du mercure, et dont l'autre transmette les mouvements vibratoires qui produisent le son.

Rien ne prouve d'ailleurs que la force exprimée par ma formule ne puisse pas résulter des attractions et répulsions des molécules des deux fluides électriques, en raison inverse des carrés des distances de ces molécules. Le fait d'un mouvement de rotation s'accélérant continuellement jusqu'à ce que les frottements et la résistance du liquide dans lequel plonge l'aimant ou le conducteur voltaïque qui présente cette sorte de mouvement en rendent la vitesse constante, paraît d'abord absolument opposé à ce genre d'explication des phénomènes électro-dynamiques. En effet, du principe de la conservation des forces vives, qui est une conséquence nécessaire des lois mêmes du mouvement, il suit nécessairement que quand les forces élémentaires, qui seraient ici des attractions et des répulsions en raison inverse des carrés des distances, sont exprimées par de simples fonctions des distances mutuelles des points entre lesquels elles s'exercent, et qu'une partie de ces points sont invariablement liés entre eux et ne se meuvent qu'en vertu de ces forces, les autres restant fixes, les premiers ne peuvent revenir à la même situation, par rapport aux seconds, avec des vitesses plus grandes que celles qu'ils avaient quand ils sont partis de cette même situation. Or, dans le mouvement de rotation continue imprimé à un conducteur mobile par l'action d'un conducteur fixe, tous les points du premier reviennent à la même situation avec des vitesses de plus en plus grandes à chaque révolution, jusqu'à ce que les frottements et la résistance de l'eau acidulée où plonge la couronne du conducteur mettent un terme à l'augmentation de la vitesse de rotation de ce conducteur : elle devient alors constante, malgré ces frottements et cette résistance.

Il est donc complètement démontré qu'on ne saurait rendre raison des phénomènes produits par l'action de deux conducteurs voltaïques, en supposant que des molécules électriques agissant en raison inverse du carré de la distance fussent distribuées sur les fils conducteurs, de manière à y demeurer fixées et à pouvoir, par conséquent, être regardées comme invariablement liées entre elles. On doit en conclure que ces phénomènes sont dus à ce que les deux fluides électriques parcourent (1) continuellement les fils conducteurs, d'un

---

(1) Lors des premiers travaux des physiciens sur les phénomènes électro-dynamiques, plusieurs savants crurent pouvoir les expliquer par des distributions de molécules, soit électriques, soit magnétiques, en repos dans les conducteurs voltaïques. Dès que la découverte du premier mouvement de rotation continue faite par M. Faraday eut été publiée, je vis aussitôt qu'elle renversait complètement cette hypothèse, et voici en quels termes j'énonçai cette observation, dont ce que je dis ici n'est que le développement, dans l'*Exposé sommaire des nouvelles expériences électro-magnétiques* faites par différents physiciens depuis le mois de mars 1821, que je lus dans la séance publique de l'Académie royale des Sciences le 8 avril 1822.

« Tels sont les nouveaux progrès que vient de faire une branche de la phy-
« sique, dont nous ne soupçonnions pas même l'existence il y a seulement deux
« années, et qui déjà nous a fait connaître des faits plus étonnants peut-être
« que tout ce que la science nous avait jusqu'à présent offert de phénomènes

mouvement extrêmement rapide, en se réunissant et se séparant alternativement dans les intervalles des particules de ces fils. C'est parce que les phénomènes dont il est ici question ne peuvent être produits que par l'électricité en mouvement, que j'ai cru devoir les désigner sous la dénomination de *phénomènes électro-dynamiques;* celle de *phénomènes électro-magnétiques*, qu'on leur avait donnée jusqu'alors convenait bien tant qu'il ne s'agissait que de l'action découverte par M. OErsted entre un *aimant* et un *courant électrique*, mais elle ne pouvait plus présenter qu'une idée fausse depuis que j'avais trouvé qu'on produisait des phénomènes du même genre sans *aimant*, et par la seule action mutuelle de deux *courants électriques*.

C'est seulement dans le cas où l'on suppose les molécules électriques en repos dans les corps où elles manifestent leur présence par les attractions ou répulsions produites par elles entre ces corps, qu'on démontre qu'un mouvement indéfiniment accéléré ne peut résulter de ce que les forces qu'exercent les molécules électriques dans cet état de repos ne dépendent que de leurs distances mutuelles. Quand l'on suppose au contraire que, mises en mouvement dans les fils conducteurs par l'action de la pile, elles y changent continuellement de lieu, s'y réunissent à chaque instant en fluide neutre, se séparent de nouveau, et vont aussitôt se réunir à d'autres molécules du fluide de nature opposée, il n'est plus contradictoire d'admettre que des actions en raison inverse des carrés des distances qu'exerce chaque molécule, il puisse résulter entre deux éléments de fils conducteurs une force qui dépende non seulement de leur distance, mais encore des directions des deux éléments suivant lesquelles les molécules élec-

---

« merveilleux. Un mouvement qui se continue toujours dans le même sens, « malgré les frottements, malgré la résistance des milieux, et ce mouvement « produit par l'action mutuelle de deux corps qui demeurent constamment dans « le même état, est un fait sans exemple dans tout ce que nous savions des pro- « priétés que peut offrir la matière inorganique; il prouve que l'action qui « émane des conducteurs voltaïques, ne peut être due à une distribution parti- « culière de certains fluides en repos dans ces conducteurs, comme le sont les « attractions et les répulsions électriques ordinaires. On ne peut attribuer cette « action qu'à des fluides en mouvement dans le conducteur qu'ils parcourent « en se portant rapidement d'une des extrémités de la pile à l'autre extré- « mité. » Voyez le *Journal de physique* où cet exposé a été inséré dans le temps, t. XCIV, p. 65, et mon *Recueil d'observations électro-dynamiques*, p. 205.

triques se meuvent, se réunissent à des molécules de l'espèce opposée, et s'en séparent l'instant suivant pour aller s'unir à d'autres. Or,
c'est précisément et uniquement de cette distance et de ces directions
que dépend la force qui se développe alors, et dont les expériences et
les calculs exposés ce Mémoire m'ont donné la valeur. Pour se
faire une idée nette de ce qui se passe dans le fil conducteur, il faut
faire attention qu'entre les molécules métalliques dont il est composé
est répandu un fluide composé de fluide positif et de fluide négatif,
non pas dans les proportions qui constituent le fluide neutre, mais
avec un excès de celui de ces deux fluides qui est de nature opposée
à l'électricité propre des molécules du métal, et qui dissimule cette
électricité, comme je l'ai expliqué dans la lettre que j'écrivis à M. Van
Beek au commencement de 1822 (1) : c'est dans ce fluide électrique
intermoléculaire que se passent tous les mouvements, toutes les décompositions et recompositions qui constituent le courant électrique.

Comme le liquide interposé entre les plaques de la pile est, sans
comparaison, moins bon conducteur que le fil métallique qui en joint
les extrémités, il se passe un temps, très court à la vérité, mais cependant appréciable, pendant lequel l'électricité intermoléculaire,
supposée d'abord en équilibre, se décompose dans chacun des intervalles compris entre deux molécules de ce fil. Cette décomposition
augmente graduellement jusqu'à ce que l'électricité positive d'un
intervalle se réunisse à l'électricité négative de l'intervalle qui le suit
immédiatement dans le sens du courant, et son électricité négative à
l'électricité positive de l'intervalle précédent. Cette réunion ne peut
être qu'instantanée comme la décharge d'une bouteille de Leyde ; et
l'action entre les fils conducteurs, qui se développe, pendant qu'elle
a lieu, en sens contraire de celle qu'ils exerçaient lors de la décomposition, ne peut par conséquent diminuer l'effet de celle-ci, car l'effet
produit par une force est en raison composée de son intensité et du
temps pendant lequel elle agit ; or ici l'intensité doit être la même,
soit que les deux fluides électriques se séparent ou se réunissent :
mais le temps pendant lequel s'opère leur séparation est sans comparaison plus grand que celui qu'exige leur réunion.

L'action variant avec les distances entre les molécules des deux

---

(1) *Journal de physique*, t. XCIII, p. 450-453, et *Recueil d'observations électro-dynamiques*, p. 174-177.

fluides électriques pendant que se fait cette séparation, il faudrait intégrer, par rapport au temps et pour toute la durée de la séparation, la valeur de la force qui aurait lieu à chaque instant, et diviser ensuite, par cette durée, l'intégrale ainsi obtenue. Sans faire ce calcul, pour lequel il faudrait avoir des données, qui nous manquent encore, sur la manière dont les distances des molécules électriques varient, avec le temps, dans chaque intervalle intermoléculaire du fil conducteur, il est aisé de voir que les forces produites de cette manière, entre deux éléments de ce fil, doivent dépendre des directions du courant électrique dans chacun de ces éléments.

S'il était possible, en partant de cette considération, de trouver que l'action mutuelle de deux éléments est en effet proportionnelle à la formule par laquelle je l'ai représentée, cette explication du fait fondamental de toute la théorie des phénomènes électro-dynamiques devrait évidemment être préférée à toute autre ; mais elle exigerait des recherches dont je n'ai point eu le temps de m'occuper, non plus que des recherches plus difficiles encore auxquelles il faudrait se livrer, pour voir si l'explication contraire, où l'on attribue les phénomènes électro-dynamiques aux mouvements imprimés à l'éther par les courants électriques, peut conduire à la même formule. Quoi qu'il en soit de ces hypothèses ét des autres suppositions qu'on peut faire pour expliquer ces phénomènes, ils seront toujours représentés par la formule que j'ai déduite des résultats de l'expérience, interprétés par le calcul, et il restera mathématiquement démontré, qu'en considérant les aimants comme des assemblages de courants électriques disposés autour de leurs particules ainsi que je l'ai dit, les valeurs des forces qui sont, dans chaque cas, données par l'expérience, et toutes les circonstances des trois sortes d'actions qui ont lieu, l'une entre deux aimants, une autre entre un fil conducteur et un aimant, et la troisième entre deux fils conducteurs, se déduisent d'une force unique, agissant entre deux éléments de courants électriques suivant la droite qui en joint les milieux.

Quant à l'expression même de cette force, elle est une des plus simples parmi celles qui ne dépendent pas seulement de la distance, mais encore des directions des deux éléments ; car ces directions n'y entrent qu'en ce qu'elle contient la seconde différentielle de la racine carrée de la distance des deux éléments, prise en faisant varier alternativement les deux arcs de courants électriques dont cette distance est une fonction, différentielle qui dépend elle-même des directions des deux éléments, et qui entre d'ailleurs dans la valeur donnée par ma formule d'une manière très simple, puisqu'on a pour cette valeur la seconde différentielle ainsi définie, multipliée par un coefficient constant et divisée par la racine carrée de la distance, en observant que la force est répulsive quand la seconde différentielle est positive, et attractive quand elle est négative. C'est ce qu'exprime le signe — qui se trouve au-devant de l'expression générale

$$ - \frac{2ii'}{\sqrt{r}} \cdot \frac{d^2\sqrt{r}}{ds\,ds'}\, ds\, ds' $$

de cette force, d'après l'usage où l'on est de regarder les attractions comme des forces positives, et les répulsions comme des forces négatives.

Les époques où l'on a ramené à un principe unique des phénomènes considérés auparavant comme dus à des causes absolument différentes, ont été presque toujours accompagnées de la découverte d'un grand nombre de nouveaux faits, parce qu'une nouvelle manière de concevoir les causes suggère une multitude d'expérience à tenter, d'explications à vérifier ; c'est ainsi que la démonstration donnée par Volta de l'identité du galvanisme et de l'électricité a été accompagnée de la construction de la pile, et suivie de toutes les découvertes qu'a enfantées cet admirable instrument. A en juger par les résultats si importants des travaux de M. Becquerel, sur l'influence de l'électricité dans les combinaisons chimiques, et de ceux de MM. Prévost et Dumas sur les causes des contractions musculaires, on peut espérer que tant de faits nouveaux découverts depuis quatre ans, et leur réduction à un principe unique, aux lois des forces attractives et répulsives observées entre les conducteurs des courants électriques, seront aussi suivis d'une foule d'autres résultats qui établiront entre la physique d'une part, la chimie et même la physiologie de l'autre, la liaison dont on sentait le besoin sans pouvoir se flatter de parvenir de longtemps à la réaliser.

Il nous reste maintenant à nous occuper des actions qu'un circuit fermé, quelles que soient sa forme, sa grandeur et sa position, exerce, soit sur un solénoïde, soit sur un autre circuit d'une forme, d'une grandeur et d'une position quelconques ; le principal résultat de ces

recherches consiste dans l'analogie qui existe entre les forces produites par ce circuit, soit qu'il agisse sur un autre circuit fermé ou
sur un solénoïde, et les forces qu'exerceraient les points dont l'action
serait précisément celle qu'on attribue aux molécules de ce qu'on
appelle fluide austral et fluide boréal ; ces points étant distribués de
la manière que je vais expliquer sur des surfaces terminées par les
circuits, et les extrémités du solénoïde étant remplacées par deux
molécules magnétiques d'espèces opposées. Cette analogie paraît
d'abord si complète, que tous les phénomènes électro-dynamiques
semblent être ainsi ramenés à la théorie où l'on admet ces deux
fluides ; mais on reconnaît bientôt qu'elle n'a lieu qu'à l'égard des
conducteurs voltaïques qui forment des circuits solides et fermés,
qu'il n'y a que ceux de ces phénomènes qui sont produits par des
conducteurs formant de telles circuits dont on puisse rendre raison
de cette manière, et qu'enfin les forces qu'exprime ma formule
peuvent seules s'accorder avec l'ensemble des faits. C'est, d'ailleurs,
de cette même analogie que je déduirai la démonstration d'un théorème important qu'on peut énoncer ainsi : l'action mutuelle de deux
circuits solides et fermés, ou celle d'un circuit solide et fermé et d'un
aimant, ne peut jamais produire de mouvement continu avec une
vitesse qui s'accélère indéfiniment jusqu'à ce que les résistances et
les frottements des appareils rendent cette vitesse constante.

Afin de ne rien laisser à désirer sur ce sujet, je commencerai par
donner aux formules relatives à l'action mutuelle de deux fils conducteurs une forme plus générale et plus symétrique. Soient pour cela
s et s' deux courbes quelconques qu'on suppose parcourues par des
courants électriques dont nous continuerons à désigner les intensités
par i et i'. Soit $\mathrm{d}s = \mathrm{M}m$ (fig. 38) un élément de la première courbe,
$\mathrm{d}s' = \mathrm{M}'m'$ un élément de la seconde ; x, y, z et x', y', z' les coordonnées de leurs milieux o, o', et r la droite oo' qui les joint, laquelle
doit être considérée comme une fonction des deux variables indépendantes s et s' qui représentent les arcs des deux courbes comptés à
partir de deux points fixes pris sur elles. L'action mutuelle des deux
éléments $\mathrm{d}s$, $\mathrm{d}s'$, est, comme nous l'avons vu plus haut, une force
dirigée suivant la droite r, et ayant pour valeur

$$- ii'\,\mathrm{d}s\,\mathrm{d}s'\,r^{k}\,\frac{\mathrm{d}\left(r^{k}\dfrac{\mathrm{d}r}{\mathrm{d}s}\right)}{\mathrm{d}s'}.$$

On peut l'écrire plus simplement de cette manière :

$$- \ddot{u}' r^k \mathrm{d}' (r^k \mathrm{d} r),$$

en distinguant par les caractéristiques d et d' les différentielles relatives à la variation des seules coordonnées x, y, z, de l'élément ds, de celles qu'on obtient en faisant varier seulement les coordonnées x', y', z' de l'élément ds'; distinction dont nous nous servirons toutes les fois que nous aurons à considérer des différentielles prises les unes d'une de ces deux manières, et les autres de l'autre.

Cette force étant attractive, il faut, pour avoir celle de ses composantes qui est parallèle à l'axe des x, en multiplier la valeur par $\dfrac{x-x'}{r}$ ou par $-\dfrac{x-x'}{r}$, suivant qu'on la considère comme agissant sur l'élément ds' ou sur l'élément ds; dans ce dernier cas, la composante est donc égale à

$$\ddot{u}' r^{k-1} (x-x') \, \mathrm{d}' (r^k \mathrm{d} r).$$

On peut mettre cette expression sous une autre forme en faisant usage de la valeur qu'on obtient pour $u\mathrm{d}v$, u et v représentant des quantités quelconques, lorsqu'on ajoute, membre à membre, les deux équations identiques

$$u\mathrm{d}v + v\mathrm{d}u = \mathrm{d}(uv),$$
$$u\mathrm{d}v - v\mathrm{d}u = u^2 \mathrm{d}\left(\frac{v}{u}\right),$$

cette valeur est

$$u\mathrm{d}v = \frac{1}{2}\mathrm{d}(uv) + \frac{1}{2} u^2 \mathrm{d}\,\frac{v}{u},$$

et en faisant

$$u = r^{k-1}(x-x'), \qquad v = r^k \mathrm{d} r,$$

on en conclut

$$r^{k-1}(x-x')\,\mathrm{d}'(r^k \mathrm{d} r) = \frac{1}{2}\mathrm{d}'[r^{2k-1}(x-x')\,\mathrm{d} r] + \frac{1}{2} r^{2k-2}(x-x')^2 \mathrm{d}'\,\frac{r\,\mathrm{d} r}{x-x'}$$
$$= \frac{1}{2}\mathrm{d}'\,\frac{(x-x')\,\mathrm{d} r}{r^n} + \frac{1}{2}\cdot\frac{(x-x')^2}{r^{n+1}}\,\mathrm{d}'\,\frac{r\,\mathrm{d} r}{x-x'},$$

puisque $2k+n=1$, ce qui donne

$$2k-1 = -n, \qquad 2k-2 = -n-1.$$

Mais

$$r^2 = (x - x')^2 + (y - y')^2 + (z - z')^2,$$

et par conséquent

$$\frac{r\,dr}{x - x'} = dx + \frac{y - y'}{x - x'}\,dy + \frac{z - z'}{x - x'}\,dz,$$

d'où

$$d'\frac{r\,dr}{x - x'} = \frac{(z - z')\,dx' - (x - x')\,dz'}{(x - x')^2}\,dz - \frac{(x - x')\,dy' - (y - y')\,dx'}{(x - x')^2}\,dy.$$

La composante parallèle à l'axe des x a donc pour valeur

$$\frac{1}{2}\,ii''d'\,\frac{(x - x')\,dr}{r^n} + \frac{1}{2}\,ii''\left[\frac{(z - z')\,dx' - (x - x')\,dz'}{r^{n+1}}\,dz\right.$$
$$\left. - \frac{(x - x')\,dy' - (y - y')\,dx'}{r^{n+1}}\,dy\right].$$

Les deux termes de cette expression peuvent être considérés séparément comme deux forces dont la réunion équivaut à la force cherchée. Or, il est aisé de voir que quand la courbe s' forme un circuit fermé, toutes les forces telles que celle qui a pour expression la partie $\frac{1}{2}\,ii'd'\,\frac{(x - x')\,dr}{r^n}$, provenant de l'action de tous les éléments ds' du circuit s' sur le même élément ds se détruisent mutuellement. En effet, toutes ces forces sont appliquées au même point o, milieu de l'élément ds, suivant une même droite parallèle à l'axe des x; il faut donc pour avoir la force produite suivant cette droite par l'action d'une portion quelconque du conducteur s' intégrer $\frac{1}{2}\,ii'd'\,\frac{(x - x')\,dr}{r^n}$ d'une des extrémités cette portion à l'autre, et l'on trouve

$$\frac{1}{2}\,ii''\left[\frac{(x - x'_2)\,dr_2}{r_2^n} - \frac{x - (x'_1\,dr_1)}{r_1^n}\right];$$

en nommant x'_1, r_1, dr_1, les quantités qui se rapportent à une extrémité, et x'_2, r_2, dr_2 celles qui sont relatives à l'autre, cette valeur devient évidemment nulle quand, le circuit étant fermé, ses deux extrémités sont au même point.

Quand le conducteur s' forme ainsi un circuit fermé, il faut donc, pour avoir plus simplement l'action qu'il exerce sur l'élément ds parallèlement à l'axe des x, supprimer, dans l'expression de la composante parallèle à cet axe, la partie $\frac{1}{2} ii' \frac{d'(x-x')\,dx}{r^n}$, et n'avoir égard qu'à l'autre partie

$$\frac{1}{2} ii' \left[\frac{(z-z')\,dx' - (x-x')\,dz'}{r^{n+1}}\,dz - \frac{(x-x')\,dy' - (y-y')\,dx'}{r^{n+1}}\,dy \right]$$

que nous représenterons par X.

En appliquant les mêmes considérations aux deux autres composantes de la même force qui sont parallèles aux axes des y et des z, on leur substituera des forces Y, Z, ayant pour valeurs

$$Y = \frac{1}{2} ii' \left[\frac{(x-x')\,dy' - (y-y')\,dx'}{r^{n+1}}\,dx - \frac{(y-y')\,dz' - (z-z')\,dy'}{r^{n+1}}\,dz \right],$$

$$Z = \frac{1}{2} ii' \left[\frac{(y-y')\,dz' - (z-z')\,dy'}{r^{n+1}}\,dy - \frac{(z-z')\,dx' - (x-x')\,dz'}{r^{n+1}}\,dx \right].$$

Ainsi, lorsqu'il s'agit d'un circuit fermé, la résultante R des trois forces X, Y, Z, auxquelles sont réduites les composantes de la force $- ii'\, r^k\, d'\, (r^k\, dr)$, remplace cette force; et l'ensemble de toutes les forces R est équivalent à celui de toutes les forces exercées par chacun des éléments ds', du circuit fermé s', et représente l'action totale de ce circuit sur l'élément ds. Voyons maintenant quelle est la valeur et la direction de cette force R.

Soient u, v, w, les projections de la ligne r sur les plans des yz, des xz et des xy, faisant respectivement les angles φ, χ, ψ, avec les axes des y, des z et des x. Considérons le secteur M$'om'$ (fig. 38), qui a pour base l'élément ds', et pour sommet le point o milieu de ds, dont les coordonnées sont x, y, z. Appelons λ, μ, ν les angles que fait avec les axes la normale au plan de ce secteur, et θ' l'angle compris entre les directions de ds' et de r. Le double de l'aire de ce secteur est $r\,ds'\sin\theta'$, et ses projections sur les plans des coordonnées sont

$$u^2 d'\varphi = r\,ds'\sin\theta'\cos\lambda = (y'-y)\,dz' - (z'-z)\,dy',$$
$$v^2 d'\chi = r\,ds'\sin\theta'\cos\mu = (z'-z)\,dx' - (x'-x)\,dz',$$
$$w^2 d'\psi = r\,ds'\sin\theta'\cos\nu = (x'-x)\,dy' - (y'-y)\,dx'.$$

On peut donc donner cette nouvelle forme aux valeurs des forces

X, Y, Z,

$$X = \frac{1}{2} ii'' \left(\frac{v^2 \, d'\chi}{r^{n+1}} \, dz - \frac{w^2 \, d'\psi}{r^{n+1}} \, dy \right) = \frac{1}{2} \cdot \frac{ii'' \, ds \, ds' \sin\theta'}{r^n} \left(\frac{dz}{ds} \cos\mu - \frac{dy}{ds} \cos\nu \right),$$

$$Y = \frac{1}{2} ii'' \left(\frac{w^2 \, d'\psi}{r^{n+1}} \, dx - \frac{u^2 \, d'\varphi}{r^{n+1}} \, dz \right) = \frac{1}{2} \cdot \frac{ii'' \, ds \, ds' \sin\theta'}{r^n} \left(\frac{dx}{ds} \cos\nu - \frac{dz}{ds} \cos\lambda \right).$$

$$Z = \frac{1}{2} ii'' \left(\frac{u^2 \, d'\varphi}{r^{n+1}} \, dy - \frac{v^2 \, d'\chi}{r^{n+1}} \, dx \right) = \frac{1}{2} \cdot \frac{ii'' \, ds \, ds' \sin\theta'}{r^n} \left(\frac{dy}{ds} \cos\lambda - \frac{dx}{ds} \cos\mu \right).$$

Or ces valeurs donnent

$$X \frac{dx}{ds} + Y \frac{dy}{ds} + Z \frac{dz}{ds} = 0,$$

$$X \cos\lambda + Y \cos\mu + Z \cos\nu = 0;$$

c'est-à-dire que la direction de la force R fait avec celle de l'élément $mM = ds$, et avec la normale op au plan du secteur $M'om'$, des angles dont les cosinus sont zéro, de sorte que cette force est à la fois dans le plan du secteur et perpendiculaire à l'élément ds. Quant à son intensité, on a par les formules connues

$$R = \sqrt{X^2 + Y^2 + Z^2} = \frac{1}{2} \cdot \frac{ii'' \, ds \, ds' \sin\theta' \sin pom}{r^n} = \frac{1}{2} \cdot \frac{ii'' \, ds \, ds' \sin\theta' \cos mok}{r^n};$$

ok étant la projection de om sur le plan du secteur $M'om'$. On peut décomposer cette force dans le plan du même secteur en deux autres, l'une S dirigée suivant la ligne $oo' = r$, l'autre T perpendiculaire à cette ligne. Celle-ci est

$$T = R \cos ToR = R \cos hok = \frac{1}{2} \cdot \frac{ii'' \, ds \, ds' \sin\theta' \cos mok \cos hok}{r^n};$$

et comme l'angle trièdre formé par les directions de om, ok et oh donne

$$\cos mok \cos hok = \cos moh = \cos\theta,$$

il vient

$$T = \frac{1}{2} \cdot \frac{ii'' \, ds \, ds' \sin\theta' \cos\theta}{r^n}.$$

La force S suivant oh est

$$S = R \sin hok = T \tang hok.$$

Mais en désignant par ω l'inclinaison du plan moh sur le plan hok, qui est celui du secteur M'om', on a

$$\operatorname{tang} hok = \operatorname{tang} \theta \cos \omega;$$

ainsi

$$S = \frac{1}{2} \cdot \frac{ii' \, ds \, ds' \sin \theta \sin \theta' \cos \omega}{r^n}.$$

Si l'on intègre les expressions de X, Y, Z pour toute l'étendue du circuit fermé s', on aura les trois composantes de l'action exercée par tout ce circuit sur l'élément ds; en remplaçant n par sa valeur 2, celles des trois composantes deviennent

$$\frac{1}{2} ii' \left(dz \int \frac{v^2 \, d' \chi}{r^3} - dy \int \frac{w^2 \, d' \psi}{r^3} \right),$$

$$\frac{1}{2} ii' \left(dx \int \frac{w^2 \, d' \psi}{r^3} - dz \int \frac{u^2 \, d' \varphi}{r^3} \right),$$

$$\frac{1}{2} ii' \left(dy \int \frac{u^2 \, d' \varphi}{r^3} - dx \int \frac{v^2 \, d' \psi}{r^3} \right).$$

Des forces semblables appliquées à tous les éléments ds de la courbe s donneront l'action totale exercée par le circuit s' sur le circuit s. On les obtiendra en intégrant de nouveau les expressions précédentes dans toute l'étendue de ce dernier circuit.

Concevons maintenant deux surfaces prises à volonté σ, σ', terminées par les deux contours s, s', dont tous les points soient liés invariablement entre eux et avec tous ceux de la surface correspondante, et sur ces surfaces des couches infiniment minces d'un même fluide magnétique qui y soit retenu par une force coercitive suffisante pour qu'il ne puisse point s'y déplacer. En considérant sur ces deux surfaces deux portions infiniment petites du second ordre que nous représenterons par $d^2\sigma$ et $d^2\sigma'$, dont les positions soient déterminées par les coordonnées x, y, z pour la première, x', y', z' pour la seconde, et dont la distance soit r, leur action mutuelle sera une force répulsive dirigée suivant la ligne r et représentée par $-\dfrac{\mu \varepsilon \varepsilon' \, d^2\sigma \, d^2\sigma'}{r^2}$ que nous considérerons comme agissant sur l'élément ds; ε, ε' désignent ici ce qu'on appelle l'épaisseur de la couche magnétique sur chaque surface; μ est un coefficient constant, tel que $\mu\varepsilon\varepsilon'$ représente l'action répulsive qui aurait lieu, si l'on réunissait en deux points situés à une distance égale à l'unité, d'une part tout le fluide répandu sur une aire égale à l'unité de surface, où l'épaisseur serait constante et égale à ε, de l'autre tout le fluide répandu sur une autre aire égale à l'unité de surface, où l'épaisseur serait aussi constante et égale à ε'.

En décomposant cette force parallèlement aux trois axes, on a les trois composantes

$$\frac{\mu\varepsilon\varepsilon'\,d^2\sigma\,d^2\sigma'\,(x-x')}{r^3}, \qquad \frac{\mu\varepsilon\varepsilon'\,d^2\sigma\,d^2\sigma'\,(y-y')}{r^3}, \qquad \frac{\mu\varepsilon\varepsilon'\,d^2\sigma\,d^2\sigma'\,(z-z')}{r^3}.$$

Concevons maintenant une nouvelle surface terminée par le même contour s qui limite la surface σ, et telle que toutes les portions de normales de la surface σ comprises entre elle et la nouvelle surface soient très petites. Supposons que sur cette dernière surface soit distribué le fluide magnétique de l'espèce contraire à celui de la surface σ, de manière qu'il y en ait sur la portion de la nouvelle surface circonscrite par les normales menées par tous les points du contour de l'élément de surface $d^2\sigma$ une quantité égale à celle du fluide répandu sur $d^2\sigma$. En nommant h la longueur de la petite portion de la normale à la surface σ, menée par le point dont les coordonnées sont x, y, z, et comprise entre les deux surfaces, laquelle mesure dans toute l'étendue de l'aire infiniment petite $d^2\sigma$ la distance de ses points aux points correspondants de l'autre surface, et en désignant par ξ, η, ζ les angles que cette normale fait avec les axes, les trois composantes de l'action mutuelle entre l'élément $d^2\sigma'$ et la petite portion de la nouvelle surface circonscrite comme nous venons de le dire, qui est toujours égale à $d^2\sigma$ tant que h est très petit et qu'on néglige dans les calculs, comme nous le faisons ici, les puissances de h supérieures à la première s'obtiendront en remplaçant dans l'expression que nous venons de trouver, x, y, z par $x + h\cos\xi$, $y + h\cos\eta$, $z + h\cos\zeta$. Et comme les deux fluides répandus sur les deux aires égales à $d^2\sigma$ sont de nature contraire, il faudra retrancher les nouvelles valeurs de ces composantes des valeurs trouvées précédemment; ce qui se réduira, puisqu'on néglige les puissances de h supérieures à la première, à différentier ces valeurs, à remplacer dans le résultat les différentielles de x, y, z par $h\cos\xi$, $h\cos\eta$, $h\cos\zeta$, et à en changer le signe. Ces différentielles étant prises en passant de la première surface σ à l'autre, nous les désignerons par δ, suivant la notation du calcul des variations; nous aurons ainsi pour la composante parallèle aux x ce que devient $-\mu\varepsilon\varepsilon'\,d^2\sigma\,d^2\sigma'\delta\dfrac{x-x'}{r^3}$, quand on y remplace δx par $h\cos\xi$, c'est-à-dire

$$\mu\varepsilon\varepsilon'\,d^2\sigma\,d^2\sigma'h\cos\xi\left[\frac{3(x-x')\dfrac{\delta r}{\delta x}}{r^4}-\frac{1}{r^3}\right].$$

Nous allons maintenant déterminer la forme de la position de l'élément $d^2\sigma$.

Désignons comme précédemment par u, v, w les projections de la ligne r sur les plans des yz, des zx et des xy, et par φ, χ, ψ, les angles que ces projections font avec les axes des y, des z et des x respectivement. Décomposons la première surface σ en une infinité de zones infiniment étroites, telles que $abcd$ (fig. 42), par une suite de plans perpendiculaires au plan des yz menés par la coordonnée $m'p'=x$ du point m'. Chaque zone se terminant aux deux bords du contour s de la surface σ, aura pour projection sur le plan des yz une aire décomposable elle-même en éléments quadrangulaires infiniment petits, auxquels répondront autant d'éléments de la surface σ sur la zone dont il s'agit. Ce sont ces éléments qu'on doit considérer comme les valeurs de $d^2\sigma$. Celui dont la position, à l'égard de l'élément $d^2\sigma'$, est déterminée par les coordonnées polaires r, u, φ, est égal à sa projection $u\,du\,d\varphi$ sur le plan des yz divisée par le cosinus de l'angle ξ compris entre ce plan et le plan tangent à la surface σ avec lequel coïncide l'élément $d^2\sigma$. Il faudra donc remplacer $d^2\sigma$ par $\dfrac{u\,du\,d\varphi}{\cos\xi}$ dans la formule précédente, et l'on aura

$$\mu h\varepsilon\varepsilon'\,d^2\sigma'u\,du\,d\varphi\left[\frac{3(x-x')\dfrac{\delta r}{\delta x}}{r^4}-\frac{1}{r^3}\right].$$

Pour calculer la valeur de $(x-x')\dfrac{\delta r}{\delta x}$, soient mx le prolongement de la coordonnée $mp=x$ du point m où est situé l'élément $d^2\sigma$, mu une parallèle au plan des yz menée dans le plan $pmm'p'$, et mt perpendiculaire à ce dernier plan au point m. Il est aisé de voir que la droite

mn, suivant laquelle $pmm'p'$ coupe le plan tangent en m, à la surface σ, fait avec les trois lignes mx, mu, mt, qui sont perpendiculaires entre elles, des angles dont les cosinus sont respectivement

$$\frac{dx}{\sqrt{dx^2 + du^2}}, \qquad \frac{du}{\sqrt{dx^2 + du^2}} \qquad \text{et} \quad 0,$$

et que la normale mh fait avec les mêmes directions des angles dont les cosinus sont

$$\frac{\delta x}{\sqrt{\delta x^2 + \delta u^2 + \delta t^2}}, \qquad \frac{\delta u}{\sqrt{\delta x^2 + \delta u^2 + \delta t^2}}, \qquad \frac{\delta t}{\sqrt{\delta x^2 + \delta u^2 + \delta t^2}},$$

δt tenant lieu de la projection de mh sur mt. On a donc

$$\frac{dx\,\delta x + \delta u\,\delta u}{\sqrt{dx^2 + du^2}\,\sqrt{\delta x^2 + \delta u^2 + \delta t^2}}$$

pour le cosinus de l'angle compris entre la droite mn et la normale mh, et puisque cet angle est droit, $dx\,\delta x + du\,\delta u = 0$, d'où $\dfrac{dx}{du} = -\dfrac{\delta u}{\delta x}$. Mais l'équation

$$r^2 = (x - x')^2 + u^2,$$

donne

$$r\,\delta r = (x - x')\,\delta x + u\,\delta u,$$

et

$$r\,dr = u\,du + (x - x')\,dx,$$

d'où l'on déduit

$$\frac{\delta r}{\delta x} = \frac{x - x'}{r} + \frac{u}{r} \cdot \frac{\delta u}{\delta x},$$

et

$$\frac{dr}{du} = \frac{u}{r} + \frac{x - x'}{r} \cdot \frac{dx}{du} = \frac{u}{r} - \frac{x - x'}{r} \cdot \frac{\delta u}{\delta x};$$

en éliminant $\dfrac{\delta u}{\delta x}$ entre ces deux équations, il vient

$$(x - x')\frac{\delta r}{\delta x} + u\frac{dr}{du} = \frac{(x - x')^2}{r} + \frac{u^2}{r} = r.$$

Si nous tirons maintenant de cette équation la valeur de $(x - x')\dfrac{\delta r}{\delta x}$

pour la substituer dans celle de la force parallèle à l'axe des x, nous aurons

$$\mu hee'u\,du\,d\varphi\left[\frac{3r-3u\dfrac{dr}{du}}{r^4}-\frac{1}{r^3}\right]=\mu hee'd\varphi\left(\frac{2u\,du}{r^3}-\frac{3u^2\,dr}{r^4}\right)$$

$$=\mu hee'd\varphi\,d\,\frac{u^2}{r^3}.$$

La hauteur h et l'épaisseur ε de la couche de fluide infiniment mince répandue sur la surface σ, peuvent varier d'un point de cette surface à un autre ; et pour atteindre le but que nous nous proposons de représenter à l'aide des fluides magnétiques, les actions qu'exercent les conducteurs voltaïques, il faut supposer que ces deux quantités ε, h, varient en raison inverse l'une de l'autre, de manière que leur produit $h\varepsilon$ conserve la même valeur dans toute l'étendue de la surface σ. En appelant g la valeur constante de ce produit, l'expression précédente devient

$$\mu g\varepsilon'\,d^2\sigma'\,d\varphi\,d\,\frac{u^2}{r^3}$$

et s'intègre immédiatement. Son intégrale $\mu g\varepsilon'\,d^2\sigma'\,d\varphi\left(\dfrac{u^2}{r^3}-\mathrm{C}\right)$ exprime la somme des forces parallèles à l'axe des x qui agissent sur les éléments $d^2\sigma$ de la zone de la surface σ renfermée entre les deux plans menés par $m'p'$ qui comprennent l'angle $d\varphi$. La surface σ étant terminée par le contour fermé s, il faut prendre cette intégrale entre les limites déterminées par les deux éléments ab, cd de ce contour qui sont compris dans l'angle $d\varphi$ des deux plans dont nous venons de parler, en sorte qu'en nommant u_1, r_1, et u_2, r_2, les valeurs de u et de r relatives à ces deux éléments, on a

$$\mu g\varepsilon'\,d^2\sigma'\,d\varphi\left(\frac{u_2^2}{r_2^3}-\frac{u_1^2}{r_1^3}\right)$$

pour la somme de toutes les forces exercées par l'élément $d^2\sigma'$ sur la zone parallèlement à l'axe des x.

Si la surface σ, au lieu d'être terminée par un contour, renfermait de tous côtés un espace de figure quelconque, la zone de cette surface comprise dans l'angle dièdre φ serait fermée, et l'on aurait $u_2=u_1$,

$r_2 = r_1$; en sorte que l'action exercée sur cette zone parallèlement à l'axe des x serait nulle, et par conséquent aussi celle que l'élément $d^2\sigma'$ exercerait sur toute la surface σ composée alors de semblables zones. Et comme la même chose aurait lieu relativement aux forces parallèles aux axes des y et des z, on voit que l'assemblage de deux surfaces très rapprochées l'une de l'autre, renfermant de tous côtés un espace de forme quelconque, et couvertes, de la manière que nous venons de le dire, l'une de fluide austral, l'autre de fluide boréal, est sans action sur une molécule magnétique, en quelque endroit qu'elle soit placée, et par conséquent sur un corps aimanté de quelque manière que ce soit. Reprenons l'expérience précédente

$$\mu g \varepsilon' d^2\sigma' \left(\frac{u_2^2 \, d\varphi}{r_2^3} - \frac{u_1^2 \, d\varphi}{r_1^3} \right),$$

et il nous sera aisé de voir que, pour avoir la somme totale des forces parallèles à l'axe des x que l'élément $d^2\sigma'$ exerce sur la surface entière σ, il faut intégrer, par rapport à φ, les deux parties dont se compose cette expression, respectivement dans les deux portions AabB, BcdA du contour s, déterminées par les deux plans tangents $p'm'$A, $p'm'$B, menés par la ligne $m'p'$. Mais il revient au même d'intégrer $\mu g \varepsilon' d^2\sigma' \frac{u^2 \, d\varphi}{r^3}$ dans toute l'étendue du circuit s; car si l'on met pour u et φ leurs valeurs en fonctions de r déduites des équations de la courbe s, on voit qu'en passant de la partie AabB à la partie BcdA, $d\varphi$ change de signe, et que par conséquent les éléments de l'une de ces parties sont d'un signe contraire à ceux de l'autre.

D'après cela, si nous désignons par X la somme des forces parallèles aux x qu'exerce l'élément $d^2\sigma'$ sur l'assemblage des deux surfaces terminées par le même contour s, nous aurons

$$\mathrm{X} = \mu g \varepsilon' d^2\sigma' \int \frac{u^2 \, d\varphi}{r^3},$$

ou, ce qui est la même chose,

$$\mathrm{X} = \mu g \varepsilon' d^2\sigma' \int \frac{(y - y') \, dz - (z - z') \, dy}{r^3},$$

les x, y, z n'étant relatifs qu'au contour s.

On aura de même, en désignant par Y et Z les sommes des forces parallèles aux y et aux z qui agissent sur le même assemblage de surfaces,

$$Y = \mu g \varepsilon' \, d^2\sigma' \int \frac{v^2 \, d\chi}{r^3} = g\mu\varepsilon' \, d^2\sigma' \int \frac{(z-z')\, dx - (x-x')\, dz}{r^3},$$

$$Z = \mu g \varepsilon' \, d^2\sigma' \int \frac{w^2 \, d\psi}{r^3} = g\mu\varepsilon' \, d^2\sigma' \int \frac{(x-x')\, dy - (y-y')\, dx}{r^3} \quad (1)$$

Comme toutes les forces élémentaires qu'exerce l'élément $d^2\sigma'$ sur ces surfaces passent par le point m' où il est situé, on voit que toutes ces forces ont une résultante unique dont la direction passe par le même point m', et dont les composantes parallèles aux axes sont X,Y,Z. Les moments de cette résultante par rapport aux mêmes axes sont donc

$$Yz' - Zy', \quad Zx' - Xz', \quad Xy' - Yx'.$$

Supposons maintenant qu'au lieu de ces forces on applique au milieu de chacun des éléments ds du contour s une force égale à $\mu g \varepsilon' d^2\sigma' \dfrac{ds \sin \theta}{r^2}$, et perpendiculaire au plan du secteur qui a ds pour base, le point m' pour sommet, et dont l'aire est $\frac{1}{2} \, rds \, \sin \theta$. Les trois composantes de cette force étant respectivement égales à

$$\mu g \varepsilon' \, d^2\sigma' \frac{u^2 \, d\varphi}{r^3}, \quad \mu g \varepsilon' \, d^2\sigma' \frac{v^2 \, d\chi}{r^3}, \quad \mu g \varepsilon' \, d^2\sigma' \frac{w^2 \, d\psi}{r^3},$$

parallèles à celles qui passent par l'élément $d^2\sigma$ et dirigées dans le même sens, on aura les mêmes valeurs pour les trois forces X, Y, Z qui tendent à mouvoir le circuit s; mais les sommes des moments de rotation qui en résulteront, au lieu d'être représentées par

$$\mu g \varepsilon' d^2\sigma' \left(z' \int \frac{v^2 \, d\chi}{r^3} - y' \int \frac{w^2 \, d\psi}{r^3} \right), \quad \mu g \varepsilon' d^2\sigma' \left(x' \int \frac{w^2 \, d\psi}{r^3} - z' \int \frac{u^2 \, d\varphi}{r^3} \right),$$

$$\mu g \varepsilon' d^2\sigma' \left(y' \int \frac{u^2 \, d\varphi}{r^3} - x' \int \frac{v^2 \, d\chi}{r^3} \right),$$

---

(1) Il est inutile de remarquer que ces X, Y, Z expriment des forces toutes différentes de celles que nous avons déjà désignées par les mêmes lettres, lorsqu'il s'agissait de l'action mutuelle de deux éléments de circuits voltaïques.

le seront par

$$\mu g \varepsilon' \mathrm{d}^2 \sigma' \left(\int \frac{zv^2 \,\mathrm{d}\chi}{r^3} - \int \frac{yw \,\mathrm{d}^2\psi}{r^3} \right), \quad \mu g \varepsilon' \mathrm{d}^2 \sigma' \left(\int \frac{xw^2 \,\mathrm{d}\psi}{r^3} - \int \frac{zu^2 \,\mathrm{d}\varphi}{r^3} \right),$$

$$\mu g \varepsilon' \mathrm{d}^2 \sigma' \left(\int \frac{yu^2 \,\mathrm{d}\varphi}{r^3} - \int \frac{xv^2 \,\mathrm{d}\chi}{r^3} \right).$$

Il semble d'abord que ce changement en doit apporter un à l'action exercée sur le contour s, mais il n'en est pas ainsi pourvu que ce contour forme un circuit fermé, car si l'on retranche la première somme de moments, relative à l'axe des x par exemple, de la quatrième qui se rapporte au même axe, en faisant attention que x', y', z doivent être considérées comme des constantes dans ces intégrations, on aura

$$\mu g \varepsilon' \,\mathrm{d}^2 \sigma' \int \frac{(z-z')v^2 \,\mathrm{d}\chi - (y-y')w^2 \,\mathrm{d}\psi}{r^3} =$$

$$\mu g \varepsilon' \,\mathrm{d}^2 \sigma' \int \frac{(z-z')^2 \,\mathrm{d}x - (z-z')(x-x')\,\mathrm{d}z - (y-y')(x-x')\,\mathrm{d}y + (y-y')^2 \,\mathrm{d}x}{r^3} =$$

$$\mu g \varepsilon' \,\mathrm{d}^2 \sigma' \int \frac{[(z-z')^2 + (y-y')^2]\,\mathrm{d}x - (x-x')[(z-z')\,\mathrm{d}z + (y-y')\,\mathrm{d}y]}{r^3} =$$

$$\mu g \varepsilon' \,\mathrm{d}^2 \sigma' \int \frac{[r^2 - (x-x')^2]\,\mathrm{d}x - (x-x')[r \,\mathrm{d}r - (x-x')\,\mathrm{d}x]}{r^3} =$$

$$\mu g \varepsilon' \,\mathrm{d}^2 \sigma' \int \left[\frac{r \,\mathrm{d}x - (x-x')\,\mathrm{d}r}{r^2} \right] = \mu g \varepsilon' \,\mathrm{d}^2 \sigma' \left(\frac{x_2 - x'}{r_2} - \frac{x_1 - x'}{r_1} \right),$$

en nommant x_1, x_2, et r_1, r_2, les valeurs de x et de r aux deux extrémités de l'arc s pour lequel on calcule la valeur de la différence des deux moments. Quand cet arc forme un circuit fermé, il est évident que $x_2 = x_1 r_2 = r_1$, ce qui rend nulle l'intégrale ainsi obtenue; on a donc alors

$$\mu g \varepsilon' \,\mathrm{d}^2 \sigma' \int \frac{zv^2 \,\mathrm{d}\gamma - yw^2 \,\mathrm{d}\psi}{r^3} = \mu g \varepsilon' \,\mathrm{d}^2 s' \left(z' \int \frac{v^2 \,\mathrm{d}\chi}{r^3} - y' \int \frac{w^2 \,\mathrm{d}\psi}{r^3} \right).$$

On trouve par un calcul semblable que les moments relatifs aux deux autres axes sont les mêmes, pour un circuit fermé, soit qu'on suppose que les directions des forces

$$\mu g \varepsilon' \,\mathrm{d}^2 \sigma' \frac{u^2 \,\mathrm{d}\varphi}{r^3}, \quad \mu g \varepsilon' \,\mathrm{d}^2 \sigma' \frac{v^2 \,\mathrm{d}'\chi}{r^3}, \quad \mu g \mu \varepsilon' \,\mathrm{d}^2 \sigma' \frac{w^2 \,\mathrm{d}\psi}{r^3}$$

passent par l'élément d²σ' ou par le milieu de d*s;* d'où il suit que
dans ces deux cas l'action qui a lieu sur le contour *s* est exactement
la même, ce contour étant invariablement lié aux deux surfaces très
voisines qu'il termine : l'action exercée sur ces deux surfaces par
l'élément d²σ' se réduira donc, pourvu que le contour *s* soit une
courbe fermée, aux forces appliquées comme nous venons de le dire
à chacun des éléments de ce contour, celle qui agit sur l'élément d*s*
ayant pour valeur

$$\mu g \varepsilon' \, d^2 \sigma' \, \frac{d s \sin \theta}{r^2}.$$

La force appliquée au milieu *o* de l'élément $ab = ds$, qui est proportionnelle à d*s* sin θ divisé par le carré de la distance *r* de cet élément au point *m'*, et dont la direction est perpendiculaire au plan
qui passe par l'élément *ab* et par le point *m'*, est précisément celle
qu'exerce, comme nous l'avons vu, sur l'élément *ds* l'extrémité d'un
solénoïde électro-dynamique indéfini lorsqu'on place cette extrémité
au point *m'*; c'est aussi celle qui est produite, d'après les dernières
expériences de M. Biot, par l'action mutuelle de l'élément *ab*, et d'une
molécule magnétique située en *m'*.

Mais en donnant à cette force la même valeur et la même direction
perpendiculaire au plan *m'ab*, qu'on doit lui donner lorsqu'on la détermine, comme je l'ai fait, en remplaçant la molécule magnétique
par l'extrémité d'un solénoïde indéfini, M. Biot suppose que c'est en
m' que se trouve son point d'application, ou plutôt celui de la force
égale et opposée que l'élément *ds* exerce sur le point *m'*, car c'est à
cette dernière que se rapportent les expériences qu'il a faites; au lieu
que la direction de la force exercée par cet élément sur l'extrémité
située en *m'* d'un solénoïde indéfini doit passer par le point *m*, comme
celle que le solénoïde exerce sur l'élément, quand on conclut cette
force de ma formule. Ainsi, en conservant les notations que nous
employons, et en représentant, pour abréger, par ρ le coefficient constant $g\mu\varepsilon' d^2 \sigma'$, les sommes des moments, d'après la manière dont
M. Biot place les points d'application des forces, seraient pour les
trois axes et en changeant les signes, puisqu'il s'agit des forces qui
agissent sur le point *m'*,

$$- \rho \int \frac{z' v^2 d\chi - y' w^2 d\psi}{r^3},$$

$$- \rho \int \frac{x'w^2 d\psi - z'u^2 d\varphi}{r^3},$$

$$- \rho \int \frac{y'u^2 d\omega - x'v^2 d\chi}{r^3};$$

tandis qu'en prenant les points d'application comme je les trouve, on a pour ces sommes de moments

$$- \rho \int \frac{zv^2 d\chi - yw^2 d\psi}{r^3},$$

$$- \rho \int \frac{xw^2 d\psi - zu^2 d\varphi}{r^3},$$

$$- \rho \int \frac{yu^2 d\varphi - xv^2 d\chi}{r^3}.$$

Mais nous venons de voir que ces dernières valeurs sont respectivement égales aux trois précédentes, quand la portion de conducteur forme un circuit fermé; d'où il suit que dans ce cas, l'expérience ne peut décider si le point d'application des forces est réellement au point m' ou au milieu m de l'élément ds. Et comme, dans celles qu'a faites l'habile physicien à qui l'on doit les expériences dont il est ici question, c'était en effet un circuit complètement fermé, composé de deux portions rectilignes formant un angle auquel il donnait successivement différentes valeurs, du reste du fil conducteur et de la pile, qu'il faisait agir sur un petit aimant, pour déduire le rapport des forces correspondantes aux diverses valeurs de cet angle des nombres d'oscillations du petit aimant, pendant un temps donné, qui correspondaient à ces diverses valeurs; dès lors, les résultats des expériences faites de cette manière devant être identiquement les mêmes, soit qu'on suppose le point d'application des forces en o ou en m', ne peuvent servir à décider laquelle de ces deux suppositions doit être préférée, cette question sur la situation du point d'application ne peut être résolue que par d'autres considérations; c'est pourquoi je pense qu'il est nécessaire, avant d'aller plus loin, de l'examiner avec quelques détails.

C'est dans le Mémoire que je lus à la séance du 4 décembre 1820, que je communiquai à l'Académie la formule fondamentale de toute la théorie exposée dans ce Mémoire, formule qui donne la valeur de l'action mutuelle de deux fils conducteurs exprimée ainsi :

$$\frac{ii''dsds'(\sin\theta\sin\theta'\cos\omega + k\cos\theta\cos\theta')}{r'^2} \quad (1),$$

k étant un nombre constant, dont j'ai depuis déterminé la valeur, en prouvant, par d'autres expériences, qu'il est égal à $-\dfrac{1}{2}$.

Quelque temps après, dans la séance du 18 du même mois, M. Biot lut un Mémoire où il décrivait les expériences qu'il avait faites sur les oscillations d'un petit aimant soumis à l'action d'un conducteur angulaire, et où il concluait de ces expériences, par l'erreur de calcul exposée plus haut, que l'action de chaque élément du conducteur sur ce qu'on appelle une molécule magnétique, est représentée par une force perpendiculaire au plan mené par la molécule et par l'élément, en raison inverse du carré de leur distance, et proportionnelle au sinus de l'angle que la droite qui mesure cette distance forme avec la direction de l'élément. On voit par les calculs précédents, que cette force est précisément celle que donne ma formule pour l'action mutuelle d'un élément de fil conducteur et de l'extrémité d'un solénoïde électro-dynamique, et qu'elle est aussi celle qui résulte de la loi de Coulomb, dans l'hypothèse des deux fluides magnétiques, lorsqu'on cherche l'action qui a lieu entre une molécule magnétique et les éléments du contour qui termine deux surfaces infiniment voisines, recouvertes l'une de fluide austral, l'autre de fluide boréal, en supposant les molécules de ces fluides distribués sur les deux surfaces comme je viens de l'expliquer.

Dans ces deux manières de concevoir les choses, on trouve les mêmes valeurs pour les trois composantes, parallèles à trois axes pris à volonté, de la résultante de toutes les forces exercées par les éléments du contour, et, pour chacune de ces forces, l'action est opposée à la réaction suivant les droites qui joignent deux à deux les points entre lesquels elles s'exercent; il en est de même de la résultante elle-même et de sa réaction. Mais dans le premier cas, le point O (fig. 36) représente l'extrémité du solénoïde auquel appartiennent les points P, N, et o étant celui où est situé l'élément, les deux forces

---

(1) *Journal de physique*, t. XCI, p. 226-230.

égales et opposées og, oγ passent par cet élément; dans le second cas, au contraire, c'est en O qu'il faut concevoir placé l'élément du contour des surfaces recouvertes de molécules magnétiques P, N, et en o la molécule sur laquelle agissent ces surfaces, en sorte que les deux forces égales et opposées passent par la molécule. Tant qu'on admet qu'il ne peut y avoir d'action d'un point matériel sur un autre, sans que celui-ci réagisse sur le premier avec une force égale et dirigée en sens contraire suivant une même droite, ce qui entraîne la même condition relativement à l'action et à la réaction de deux systèmes de points invariablement liés, on n'a à choisir qu'entre ces deux hypothèses. Et comme l'expérience de M. Faraday, sur la rotation d'une portion de fil conducteur autour d'un aimant, est, ainsi que je l'expliquerai tout à l'heure, en contradiction manifeste avec la première, il ne devait plus y avoir de difficulté à regarder, avec moi, comme seule admissible celle où l'on fait passer, par le milieu de l'élément, la droite suivant laquelle sont dirigées les deux forces. Mais plusieurs physiciens imaginèrent alors de supposer que, dans l'action mutuelle d'un élément AB (fig. 39) de fil conducteur et d'une molécule magnétique M, l'action et la réaction, quoique égales et dirigées en sens contraire, ne l'étaient pas suivant une même droite, mais suivant deux droites parallèles, en sorte que la molécule M, agissant sur l'élément AB, tendrait à le mouvoir suivant la droite OR menée par le milieu O de l'élément AB perpendiculairement au plan MAB, et que l'action qu'exercerait réciproquement cet élément sur la molécule M tendrait à la porter, avec une force égale, dans la direction MS parallèle à OR.

Il résulterait de cette singulière hypothèse, si elle était vraie, qu'il serait mathématiquement impossible de ramener jamais les phénomènes produits par l'action mutuelle d'un fil conducteur et d'un aimant à des forces agissant, comme toutes celles dont on a reconnu jusqu'à présent l'existence dans la nature, de manière que l'action et la réaction soient égales et opposées dans la direction des droites qui joignent deux à deux les points entre lesquels elles s'exercent; car, toutes les fois que cette condition est remplie pour des forces élémentaires quelconques, elle l'est évidemment, d'après le principe même de la composition des forces, pour leurs résultantes. Aussi, les physiciens qui ont adopté cette opinion sont-ils forcés d'admettre une action réellement élémentaire, consistant en deux forces égales diri-

gées en sens contraires suivant deux droites parallèles, et formant
ainsi un couple primitif, qui ne peut être ramené à des forces pour
lesquelles l'action et la réaction seraient opposées suivant une même
droite. J'ai toujours regardé cette hypothèse des couples primitifs
comme absolument contraire aux premières lois de la mécanique,
parmi lesquelles on doit compter, avec Newton, l'égalité de l'action
et de la réaction agissant en sens contraires suivant la même droite;
et j'ai ramené les phénomènes qu'on observe quand un fil conducteur et un aimant agissent l'un sur l'autre, comme tous les autres
phénomènes électro-dynamiques, à une action entre deux éléments
de courants électriques, d'où résultent deux forces égales et opposées, dirigées toutes deux suivant la droite qui joint les deux éléments. Ce premier caractère des autres forces observées dans la
nature se trouve ainsi justifié; et quant à celui qui consiste en ce
que les forces que l'on considère comme réellement élémentaires
soient en outre simplement fonctions des distances des points entre
lesquels elles s'exercent, rien ne s'oppose, ainsi que je l'ai déjà
remarqué, à ce que la force, dont j'ai déterminé la valeur par des
expériences précises, ne se ramène un jour à des forces élémentaires
qui satisfassent aussi à cette seconde condition, pourvu qu'on fasse
entrer dans le calcul le mouvement continuel, dans les fils conducteurs, des molécules électriques auxquelles ces dernières forces seraient inhérentes. La considération de ces mouvements introduisant
nécessairement dans la valeur de la force qui en résulterait entre
deux éléments, outre leur distance, les angles qui déterminent les
directions suivant lesquelles se meuvent les molécules électriques,
et qui dépendent des directions mêmes de ces éléments; ce sont précisément ces angles, ou, ce qui revient au même, les différentielles
de la distance des deux éléments considérée comme une fonction des
arcs formés par les fils conducteurs, qui entrent seuls avec cette distance dans ma formule. Il ne faut pas oublier que, dans la manière
de concevoir les choses qui me paraît seule admissible, les deux
forces égales et opposées OR et OT sont des résultantes d'une infinité
de forces égales et opposées deux à deux; OR est celle des forces
On', Op', etc., qui passent toutes par le point O, en sorte que leur
résultante OR y passe aussi, mais que OT est la résultante des forces
Nn, Pp, etc., exercées par l'élément AB sur des points tels que N,
P, etc., invariablement liés à l'extrémité M du solénoïde électro-

dynamique par laquelle je suppose remplacé ce qu'on nomme une molécule magnétique. Ces points sont très près de M quand ce solénoïde est très petit, mais ils en sont toujours distincts, et c'est pourquoi leur résultante OT ne passe pas par le point M, mais par le point O vers lequel toutes les forces Nn, Pp, etc., sont dirigées.

On voit, par tout ce que nous venons de dire, qu'en conservant aux deux forces égales qui résultent de l'action mutuelle d'un fil conducteur et d'un aimant, et qui agissent l'une sur le fil dont l'élément AB fait partie, et l'autre sur l'aimant auquel appartient le point M, la même valeur, et la même direction perpendiculaire au plan MAB, on peut faire trois hypothèses sur le point d'application de ces forces : dans la première, on suppose que les deux forces passent par le point M ; dans la seconde, qui est celle qui résulte de ma formule, les deux forces passent par le milieu O de l'élément ; dans la troisième, où les forces sont OR et MS, celle qui agit sur l'élément est appliquée au point O, et l'autre au point M. Ces trois hypothèses sont entièrement d'accord : 1° à l'égard de la valeur de ces forces qui sont également, dans tous les trois, en raison inverse du carré de la distance MO, et en raison directe du sinus de l'angle MOB que la droite OM qui mesure cette distance fait avec l'élément AB ; 2° à l'égard de la direction des mêmes forces, toujours perpendiculaire au plan MAB qui passe par la molécule et par la direction de l'élément ; mais à l'égard de leurs points d'application, ils sont placés différemment pour les deux forces, dans les deux premières hypothèses, et il y a identité entre la première et la troisième seulement pour les forces qui agissent sur l'aimant, et entre la seconde et la troisième seulement pour les forces qui agissent sur le conducteur.

En vertu de l'identité des valeurs et des directions des forces qui a lieu dans les trois hypothèses, les composantes de leurs résultantes, prises parallèlement à trois axes quelconques, seront les mêmes ; mais les moments de rotation, qui dépendent en outre des points d'application de ces forces, ne seront, en général, les mêmes, à l'égard des forces qui tendent à mouvoir l'aimant, que pour la première et la troisième, et, à l'égard des forces qui agissent sur le fil conducteur, que pour la seconde et la troisième.

Nous venons de voir que dans le cas où il est question de l'action d'une portion de fil conducteur, formant un circuit fermé, les valeurs des moments sont les mêmes, soit qu'on prenne, pour chaque élément, le point d'application des forces en O ou en M; dans ce cas, donc, il y aura, en outre, identité pour les valeurs des moments dans les trois hypothèses.

Le mouvement d'un corps, dont toutes les parties sont invariablement liées entre elles, ne peut dépendre que des trois composantes parallèles à trois axes pris à volonté, et des trois moments autour des mêmes axes; d'où il suit qu'il y a identité complète dans les trois hypothèses pour le mouvement produit, soit dans l'aimant, soit dans le conducteur, lorsque celui-ci forme un circuit solide et fermé. C'est pourquoi l'impossibilité d'un mouvement indéfiniment accéléré, étant en général une suite nécessaire à la première hypothèse, puisque les forces élémentaires y sont simplement fonctions des distances des points entre lesquels elles s'exercent, il s'ensuit évidemment que ce mouvement est également impossible, dans les deux autres hypothèses, seulement lorsque le conducteur forme un circuit solide et fermé.

Il est aisé de voir, au reste, que la démonstration ainsi obtenue de l'impossibilité de produire un mouvement indéfiniment accéléré par l'action mutuelle d'un circuit électrique solide et fermé, et d'un aimant, n'est pas seulement une suite nécessaire de ma théorie, mais qu'elle résulte aussi, dans l'hypothèse des couples primitifs, de la seule valeur donnée par M. Biot pour la force perpendiculaire au plan MAB, ainsi que je l'ai démontré directement, avec tous les détails qu'on peut désirer, dans une lettre que j'ai écrite sur ce sujet à M. le docteur Gherardi. Si donc on avait pu produire un mouvement accéléré en faisant agir sur un aimant un conducteur formant un circuit solide et fermé, ce n'aurait pas été seulement ma formule qui aurait été en défaut, mais encore celle qu'a donnée M. Biot, que toutes les observations faites depuis ont complètement démontrée, et dont les physiciens qui admettent l'hypothèse des couples primitifs n'ont jamais contesté l'exactitude.

Lorsqu'on rend mobile une portion du circuit voltaïque, on doit distinguer trois cas : celui où elle forme un circuit presque fermé (1);

_____

(1) Le circuit formé par une portion mobile du fil conducteur n'est jamais rigoureusement fermé, puisqu'il faut bien que ces deux extrémités communiquent séparément avec celles de la pile ; mais il aisé de rendre l'intervalle qui les sépare assez petit pour qu'on puisse le considérer comme s'il était exactement fermé.

celui où ne pouvant que tourner autour d'un axe, elle a ses deux extrémités dans cet axe ; celui où la portion mobile ne forme pas un circuit fermé, et où une de ses extrémités au moins parcourt un certain espace à mesure qu'elle se meut : ce dernier cas comprenant celui où cette portion est formée par un liquide conducteur.

Nous venons de voir que, dans le premier de ces trois cas, le mouvement que prend la portion mobile par l'action d'un aimant, est identiquement le même dans les trois hypothèses, et ne peut jamais s'accélérer indéfiniment, mais tend seulement à amener la portion mobile dans une position déterminée où elle s'arrête en équilibre après avoir quelque temps oscillé autour de cette position en vertu de la vitesse acquise.

Il en est de même du second, qui ne diffère du premier qu'en apparence ; car si l'on ajoutait dans l'axe, un courant, qui rejoignît les deux extrémités de la portion mobile, on aurait un circuit fermé sans avoir rien changé au moment de rotation autour de cet axe, puisque les moments des forces exercées sur le courant ajouté seraient évidemment nuls ; d'où il suit que le mouvement de la portion mobile serait identiquement le même que celui du circuit fermé ainsi obtenu.

Mais lorsque la portion mobile ne forme pas un circuit fermé, et que ses deux extrémités ne sont pas dans un axe autour duquel elle serait assujettie à tourner, les moments produits par l'action, soit d'une molécule magnétique, soit de l'extrémité d'un solénoïde indéfini, ne sont plus les mêmes que dans la seconde et la troisième hypothèse, et ont une valeur différente dans la première. En prenant pour l'axe des x la droite autour de laquelle on suppose la portion mobile liée de manière à ne pouvoir que tourner autour de cette droite, et en conservant les dénominations que nous avons employées dans les calculs précédents, nous en conclurons que la valeur du moment de rotation produit par les forces qui agissent sur la portion mobile, serait

$$\rho \int \frac{z'v^2\,d\chi - y'w^2\,d\psi}{r^3},$$

dans la première hypothèse, et

$$\rho \int \frac{z'v^2\,d\chi - y'w^2\,d\psi}{r^3} + \rho \left(\frac{x_2 - x'}{r_2} - \frac{x_1 - x'}{r_1} \right)$$

dans les deux autres.

C'est à cette différence dans les valeurs du moment de rotation, qu'on doit la possibilité de prouver par l'expérience que la première hypothèse est en contradiction avec les faits. Car si l'on considère un aimant comme réduit à deux molécules magnétiques d'une force comme infinie placées à ses deux pôles, et qu'après avoir mis dans une situation verticale la droite qui les joint, on assujettisse une portion de fil conducteur à tourner autour de cette droite prise pour l'axe des x, alors les deux moments de rotation relatifs aux deux pôles seront exprimés par la formule précédente en y remplaçant x', y', z' par x_1', y_1', z_1' pour un des pôles, et par x_2', y_2', z_2' pour l'autre, en ayant soin de changer de signe l'un de ces moments, le premier, par exemple, puisque les deux pôles sont nécessairement de natures opposées, l'un austral et l'autre boréal.

Quand les deux pôles sont, comme nous le supposons ici, situés sur l'axe des x, on a $y_1' = 0$, $y_2' = 0$, $z_1' = 0$, $z_2' = 0$, et les deux moments de rotation autour de l'axe des x deviennent nuls dans la première hypothèse : ce qu'il était facile de prévoir, puisque dans cette hypothèse les directions de toutes les forces appliquées au conducteur mobile passent par un des deux pôles et y rencontrent l'axe fixe, ce qui rend nécessairement nuls les moments de ces forces.

Dans les deux autres hypothèses, au contraire, où les directions des forces passent par les milieux des éléments, les parties des moments égales à ceux de la première hypothèse sont les seules qui s'évanouissent; et lorsque après les avoir supprimées, on réunit ce qui reste de chaque moment, on a

$$\rho \left(\frac{x_2 - x_2'}{r_{2,2}} - \frac{x_1 - x_2'}{r_{1,2}} - \frac{x_2 - x_1'}{r_{2,1}} + \frac{x_1 - x_1'}{r_{1,1}} \right),$$

en désignant par $r_{2,2}$; $r_{1,2}$; $r_{2,1}$; $r_{1,1}$ les distances des points dont les abcisses sont respectivement x_2, x_2'; x_1, x_2'; x_2, x_1'; x_1, x_1'. Il est aisé de voir que les quatre termes de la quantité qui est comprise entre les parenthèses dans cette expression, sont précisément les cosinus des angles que forment avec l'axe des x les droites qui mesurent les distances $r_{2,2}$; $r_{1,2}$; $r_{2,1}$; $r_{1,1}$: ce qui rend la valeur que nous venons de trouver pour le moment produit par l'action des deux pôles sur le conducteur mobile, identique à celle que nous avons déjà obtenue, pour celui qui résulte de l'action sur le même conducteur d'un solénoïde dont les extrémités seraient situées à ces pôles, et dont les courants électriques auraient une intensité i et des distances respectives telles qu'on eût

$$\frac{\lambda i i'}{2g} = \rho,$$

i' étant l'intensité du courant du conducteur.

Le moment de rotation étant toujours nul dans la première hypothèse, la portion mobile du circuit voltaïque ne tournerait jamais par l'action d'un aimant situé, comme nous venons de le dire, autour de l'axe de cet aimant; dans les deux autres hypothèses, elle doit au contraire tourner en vertu du moment de rotation dont nous venons de calculer la valeur, toujours la même, dans ces deux hypothèses. M. Faraday, qui a le premier produit ce mouvement, conséquence nécessaire des lois que j'avais établies sur l'action mutuelle des conducteurs voltaïques, et de la manière dont j'avais considéré les aimants comme des assemblages de courants électriques, a démontré par là que la direction de l'action exercée par le pôle d'un aimant sur un élément de fil conducteur passe en effet par le milieu de l'élément, conformément à l'explication que j'ai donnée de cette action, et non par le pôle de l'aimant. Dès lors l'ensemble des phénomènes électro-dynamique ne peut plus être expliqué par la substitution de l'action des molécules magnétiques australes et boréales, répandues de la manière que je viens de l'expliquer sur deux surfaces très voisines et terminées par les fils conducteurs du circuit voltaïque, à la place de l'action, exprimée par ma formule, qu'exercent les courants de ces fils. Cette substitution ne peut avoir lieu que quand il s'agit de l'action des circuits solides et fermés, et sa principale utilité est de démontrer l'impossibilité d'un mouvement indéfiniment accéléré, soit par l'action mutuelle de deux conducteurs solides et fermés, soit par celle d'un conducteur de ce genre et d'un aimant.

Lorsque l'aimant est mobile, il faut aussi distinguer trois cas : celui où toutes les parties du circuit voltaïque qui agit sur cet aimant sont immobiles; celui où quelques parties de ce circuit sont mobiles, mais sans liaison avec l'aimant, ces portions pouvant d'ailleurs être formées par un fil métallique, ou par un liquide conducteur; enfin celui ou une partie du courant passe par l'aimant, ou par une portion de conducteur liée à l'aimant.

Dans le premier cas, le circuit total composé des conducteurs et de la pile, est nécessairement fermé; et puisque toutes ses parties sont immobiles, les trois sommes des moments des forces exercées sur les points de l'aimant considérés, soit comme des molécules de fluides austral ou boréal, soit comme des extrémités de solénoïdes électro-dynamiques, sont identiques dans les trois hypothèses, ainsi que le sont les résultantes mêmes de ces forces; en sorte que les mouvements imprimés à l'aimant, et toutes les circonstances de ces mouvements, sont précisément les mêmes, quelle que soit celle de ces hypothèses qu'on adopte. C'est ce qui a lieu, par exemple, pour la durée des oscillations faites par l'aimant, sous l'influence de ce circuit fermé et immobile; et c'est pour cela que les dernières expériences de M. Biot, d'où il résulte que la force qui produit ces oscillations est proportionnelle à la tangente du quart de l'angle que forment les deux branches du conducteur qu'il emploie, s'accordent aussi bien avec cette conséquence de ma théorie que les directions des forces qui agissent sur l'aimant passent par les milieux des éléments du fil conducteur, qu'avec l'hypothèse qu'il a adoptée et dans laquelle il admet que ces directions passent par les points de l'aimant où il place les molécules magnétiques.

L'identité qui a lieu dans ces cas entre les trois hypothèses, montre en même temps l'impossibilité que le mouvement de l'aimant s'accélère indéfiniment, et prouve que l'action du circuit voltaïque ne peut que tendre à l'amener dans une position déterminée d'équilibre.

Il semble, au premier coup d'œil, que la même impossibilité devrait avoir lieu dans le second cas, ce qui est contraire à l'expérience, du moins quand une partie du circuit est formée d'un liquide. Il est évident, en effet, que la mobilité d'une portion du conducteur n'empêche pas que cette portion n'agisse à chaque instant comme si elle était fixe dans la position qu'elle occupe à cet instant; et l'on ne voit pas d'abord comment cette mobilité peut changer tellement les conditions du mouvement de l'aimant, qu'il devienne susceptible d'une accélération indéfinie dont l'impossibilité est démontrée quand toutes les parties du circuit voltaïque sont immobiles.

Mais dès qu'on examine avec quelque attention ce qui doit arriver, d'après les lois de l'action mutuelle d'un corps conducteur et d'un aimant, quand le conducteur est liquide, qu'un cylindre aimanté vertical flotte dans ce liquide, et que la surface du cylindre est recouverte d'un vernis isolant afin que le courant ne puisse pas le traverser, ce qui donnerait lieu au troisième cas, on reconnaît bientôt comment il résulte de la mobilité de la portion liquide du circuit voltaïque que l'aimant flottant acquière un mouvement qui s'accélère indéfiniment : il ne faut pour cela qu'appliquer à ce cas l'explication que j'ai donnée, dans les *Annales de chimie et de physique* (tome XX, pag. 68-70), du même mouvement, quand on suppose que l'aimant n'étant pas verni, les courants du liquide où il flotte le traversent librement.

En effet, cette explication étant fondée sur ce que les portions de courants qui se trouvent dans l'aimant ne peuvent avoir sur lui aucune action, et que celles qui sont dans le liquide hors de l'aimant agissent toutes pour accélérer son mouvement toujours dans le même sens, il s'ensuit évidemment que tout ce qui arrive dans ce cas doit encore arriver quand la substance isolante, dont on revêt l'aimant, supprime seulement précisément ces portions de courants qui n'avaient aucune action, et qu'elle laisse subsister et agir, toujours de la même manière, celles qui, étant hors de l'aimant, tendaient toutes à accélérer son mouvement constamment dans le même sens. Pour qu'on puisse mieux juger qu'il n'y a, en effet, rien à changer à l'explication dont je viens de parler, je crois devoir la rappeler ici, en l'appliquant au cas où l'aimant est recouvert d'une substance isolante. Je supposerai, pour plus de simplicité dans cette explication, que l'on substitue à l'aimant un solénoïde électro-dynamique, dont les extrémités soient aux pôles de cet aimant, quoique, d'après ma théorie, il dût être considéré comme un faisceau de solénoïdes. Cette supposition ne change pas les effets produits, parce que les courants du mercure agissant do la même manière et dans le même sens sur tous les solénoïdes du faisceau, ils lui impriment un mouvement semblable à celui qu'ils donneraient à un seul de ces solénoïdes, et l'on peut toujours supposer que les courants électriques de celui-ci aient assez d'intensité pour que son mouvement soit sensiblement le même que celui du faisceau.

Soit donc ETFT′ (fig. 40) la section horizontale d'un vase de verre plein de mercure en contact avec un cercle de cuivre qui en garnit le bord intérieur et qui communique avec un des rhéophores, le rhéophore négatif par exemple, tandis que l'on y fait plonger en P le rhéophore positif ; alors il se forme dans le mercure des courants qui vont du centre P du cercle ETFT′ à sa circonférence.

Représentons la section horizontale du solénoïde par le petit cercle *etft'*, dont le centre est en A et dont la circonférence *etft'* est un des courants électriques dont il est composé : en supposant que ce courant se meuve dans le sens *etft'*, il sera attiré par les courants du mercure tels que PUT, qui se trouvent, dans la figure, à droite de *etft'*, parce que la demi-circonférence *etf*, où le courant va dans le même sens, en est plus rapprochée que *ft'e* où il va en sens contraire. Soit AS cette attraction égale à la différence des forces exercées par les courants PUT sur les deux demi-circonférences, et qui passe nécessairement par leur centre A, puisqu'elle résulte des forces que ces courants exercent sur tous les éléments de la circonférence *etft'* qui leur sont perpendiculaires, et sont, par conséquent, dirigées suivant les rayons de cette circonférence. Le même courant *etft'* du solénoïde est, au contraire, repoussé par les courants qui, comme PU'T', sont, dans la figure, à gauche de ce courant *etft'*, parce qu'ils sont en sens contraire dans la demi-circonférence *ft'e* la plus voisine de PU'T'. Soit AS' la répulsion qui résulte de la différence des actions exercées par les courants PU'T' sur les deux demi-circonférences *ft'e*, *etf*, elle sera égale à AS, et fera, avec le rayon PAF, l'angle FAS' = PAS, puisque tout est égal des deux côtés de ce rayon : la résultante AR de ces deux forces lui sera donc perpendiculaire ; et comme elle passera par le centre A, ainsi que ses deux composantes AS, AS', le solénoïde n'aura aucune tendance à tourner autour de son axe, comme on l'observe en effet à l'égard de l'aimant flottant que représente ce solénoïde ; mais il tiendra, à chaque instant, à se mouvoir suivant la perpendiculaire AR au rayon PAF, et comme, lorsqu'on fait cette expérience avec un aimant flottant, la résistance du mercure détruit à chaque instant la vitesse acquise, on voit cet aimant décrire la courbe perpendiculaire à toutes les droites qui passent comme PAF par le point P, c'est-à-dire la circonférence ABC dont ce point est le centre.

Cette belle expérience, due à M. Faraday, a été expliquée par les physiciens qui n'admettent pas ma théorie, en attribuant le mouvement de l'aimant au rhéophore plongé en P dans le mercure, auquel on donne ordinairement une direction perpendiculaire à la surface du mercure. Il est vrai que, dans ce cas, le courant de ce rhéophore tend à porter l'aimant dans le sens où il se meut réellement ; mais il est aisé de s'assurer, par des expériences comparatives, que c'est avec une force beaucoup trop faible pour vaincre la résistance du mercure, et produire, malgré cette résistance, le mouvement qu'on observe. J'étais d'abord surpris de voir que ces physiciens ne tenaient pas compte de l'action que les courants du mercure doivent exercer dans leur propre théorie, ma surprise a augmenté quand j'en ai reconnu la cause dans une erreur manifeste qui se trouve énoncée en ces termes dans l'ouvrage déjà cité (1) : « L'action transversale de ce fil fictif (le « courant électrique qui est dans le mercure) sur le magnétisme aus- « tral de A (fig. 43), tendra donc aussi constamment à pousser A de la « droite vers la gauche d'un observateur qui aurait la tête en C', et les « pieds en Z. Mais une tendance contraire s'exercera sur le pôle B, et « même avec une énergie égale, si la ligne horizontale C'FF'Z se trouve « à la hauteur précise du centre du barreau ; de sorte qu'en somme, « il n'en résultera aucun mouvement de translation. Ce sera donc « alors la seule force exercée par CF qui déterminera la rotation du « barreau AB. » Comment l'auteur n'a-t-il pas vu que les actions que *le fil fictif*, placé comme il le dit, exerce sur les deux pôles du barreau AB, tendent à le porter dans le même sens, et qu'elles s'ajoutent au lieu de se détruire, puisque étant d'espèces contraires, ces pôles se trouvent des deux côtés opposés du fil ?

Il est important de remarquer à ce sujet, que si des portions de cou- rants faisant partie de ceux du mercure, pouvaient se trouver dans l'intérieur du petit cercle *etft'* et agir sur lui, elles tendraient à le faire tourner autour du point P en sens contraire, et avec une force qui, au au lieu d'être la différence des actions exercées sur les deux demi- circonférences *etf*, *ft'e*, en est la somme, parce que si *uv* représente une de ces portions, il est évident qu'elle attirera l'arc *utv* et repous- sera l'arc *vt'u*, d'où résultent deux forces qui conspirent à mouvoir *etft'* dans la direction AZ opposée à AR. Cette circonstance ne peut évidemment avoir lieu avec l'aimant flottant qui occupe tout l'inté- rieur du petit cercle *etft'*, parce qu'il en exclut les courants quand il est revêtu de matière isolante, et parce que, dans le cas contraire, les portions de courants comprises dans ce cercle, ayant lieu dans des particules de l'aimant invariablement liées à celles sur lesquelles elles agissent, l'action qu'elles produisent est détruite par une réaction

---

(1) *Précis élémentaire de physique expérimentale*, troisième édition, t. II, p. 753.

égale et opposée; en sorte qu'il ne reste, dans les deux cas, que les
forces exercées par les courants du mercure, qui tendent toutes à
mouvoir l'aimant suivant AR. C'est uniquement pour cela qu'il tourne
autour du point P dans ce sens, comme on s'en assure en remplaçant
l'aimant par un conducteur mobile $xzetft'sy$ (fig. 41), formé d'un fil
de cuivre assez fin, revêtu de soie, dont la partie intermédiaire $etft'$ est
pliée en cercle, et dont les deux portions extrêmes, tordues ensemble
de e en z, vont, l'une ezx se rendre en x dans une coupe à mercure
communiquant à un des rhéophores, et l'autre $t'sy$ plonger en P
(fig. 40) dans le mercure qui communique, comme nous l'avons dit,
avec l'autre rhéophore : on suspend ce conducteur mobile de manière
que le cercle $etft'$ (fig. 41) soit très près de la surface du mercure, et
l'on voit qu'il reste immobile, en vertu de l'équilibre qui s'établit
entre les forces exercées par les portions de courants comprises dans
le cercle $etft'$, et celles qui le sont par les courants et portions de courants extérieurs à ce cercle. Mais dès qu'on supprime les portions de
courants comprises dans l'espace $etft'$ (fig. 40), en enfonçant dans le
mercure au-dessous du cercle $etft'$ (fig. 41) un cylindre de matière
isolante dont la base lui soit égale pour imiter ce qui arrive à l'aimant
flottant, on le voit se mouvoir, comme cet aimant, dans le sens AR.
Lorsqu'on laisse le cylindre de matière isolante où était d'abord le
cercle $etft'$, celui-ci ne tourne pas indéfiniment comme l'aimant, mais
va s'arrêter, après quelques oscillations, dans une position d'équilibre; différence qui vient de ce que l'aimant flottant laisse, derrière
lui, se remplir de mercure la place qu'il occupait d'abord, et chasse le
mercure successivement des diverses places où il se trouve transporté.
C'est ce changement dans la situation d'une partie du mercure qui en
entraîne un dans les courants électriques, et fait que, quoique le circuit voltaïque total soit fermé, le mouvement continu de l'aimant,
qui est impossible par l'action d'un circuit solide et fermé, ne laisse
pas d'avoir lieu dans ce cas où le circuit fermé change de forme par
le mouvement même de l'aimant. Pour produire ce mouvement en
employant, au lieu de l'aimant, le conducteur mobile que nous venons
de décrire, il faut, lorsqu'on a constaté qu'il ne se meut que quand on
supprime, par le cylindre de matière isolante, les portions de courants
intérieurs au petit cercle $etft'$, et qu'en laissant ce cylindre à la même
place, il s'arrête dans une position déterminée d'équilibre après avoir
oscillé autour d'elle, imiter ce qui a lieu lorsqu'il s'agit d'un aimant

flottant, en faisant glisser le cylindre de matière isolante sur le fond du vase, de manière qu'il soit toujours sous le cercle *etft'* (fig. 41), et que son centre corresponde toujours verticalement à celui de ce cercle, le conducteur mobile se met alors à tourner indéfiniment autour du point P (fig. 40) comme l'aimant.

C'est, en général, en substituant aux aimants des conducteurs mobiles pliés en cercle, qu'on peut se faire une idée juste des causes des divers mouvements des aimants, lorsqu'on veut analyser ces mouvements par l'expérience sans recourir au calcul, parce que cette substitution donne le moyen d'en faire varier les circonstances de différentes manières, qu'il serait le plus souvent impossible d'obtenir avec des aimants, et qui peuvent seules éclaircir les difficultés que présentent des phénomènes souvent si compliqués. C'est ainsi, par exemple, que dans ce que nous venons de dire, il est impossible, avec un aimant, de vérifier ce résultat de la théorie, que si des portions des courants de mercure pouvaient traverser l'aimant, et agir malgré cela sur lui en conservant l'intensité et la direction qu'ils ont dans le mercure lorsqu'on enlève l'aimant, celui-ci ne tournerait pas autour du point P, et que la vérification en devient facile quand on lui substitue, comme nous venons de le dire, le conducteur mobile représenté ici (fig. 41).

L'identité d'action qu'on observe constamment entre les mouvements d'un conducteur mobile et ceux d'un aimant, toutes les fois qu'ils se trouvent dans les mêmes circonstances, ne permet pas de douter, quand on a fait l'expérience précédente, que l'aimant ne restât aussi immobile, lorsqu'il est traversé par les portions de courants intérieures au cercle *etft'*, si ces portions pouvaient agir sur lui; et, comme on voit, au contraire, que quand il n'est pas revêtu d'une substance isolante, et que les courants le traversent librement, il se meut précisément comme quand il l'est et qu'aucunes portions de courants ne peuvent plus pénétrer dans l'intérieur de cet aimant, on a une preuve directe du principe sur lequel repose une partie des explications que j'ai données, savoir : que les portions de courants qui traversent l'aimant n'agissent en aucune manière sur lui, parce que les forces qui résulteraient de leur action sur les courants propres à l'aimant, ou sur ce qu'on appelle des molécules magnétiques, ayant lieu entre les particules d'un même corps solide, sont nécessairement détruites par une réaction égale et opposée.

J'avoue que cette preuve expérimentale d'un principe qui n'est qu'une suite nécessaire des premières lois de la mécanique, me paraît complètement inutile, comme elle l'aurait paru à tous les physiciens qui ont considéré ce principe comme un des fondements de la science. Je n'en aurais pas fait la remarque, si l'on n'avait pas supposé que l'action mutuelle d'un élément de fil conducteur et d'une molécule magnétique, consistait en un couple primitif composé de deux forces égales et parallèles sans être directement opposées, en vertu duquel une portion de courant qui a lieu dans un aimant pourrait le mouvoir ; supposition contraire au principe dont il est ici question, et qui se trouve démentie par l'expérience précédente d'après laquelle il n'y a pas d'action exercée sur l'aimant par les portions de courants qui le traversent quand il n'est pas revêtu d'une enveloppe isolante, puisque le mouvement qui a lieu dans ce cas reste le même lorsqu'on empêche les courants de traverse rl'aimant, en le renfermant dans cette enveloppe.

C'est de ce principe qu'il faut partir pour voir quels sont les phénomènes que doit présenter un aimant mobile sous l'influence du courant voltaïque, dans le troisième cas qui nous reste à considérer, celui où une portion du courant passe par l'aimant, ou par une portion de fil conducteur invariablement liée avec lui. Nous venons de voir que lorsqu'il s'agit du mouvement de révolution d'un aimant autour d'un fil conducteur, le mouvement doit être le même, et l'est en effet, soit que le courant traverse ou ne traverse pas l'aimant. Mais il n'en est pas ainsi quand il est question du mouvement de rotation continue d'un aimant autour de la droite qui en joint les deux pôles.

J'ai démontré et par la théorie et par les expériences variées de diverses manières dont les résultats ont toujours confirmé ceux de la théorie, que la possibilité ou l'impossibilité de ce mouvement tient uniquement à ce qu'une portion de circuit voltaïque total soit dans tous ses points séparé de l'aimant, ou à ce qu'il passe, soit dans cet aimant, soit dans une portion de conducteur liée invariablement avec lui. En effet, dans le premier cas, l'ensemble de la pile et des fils conducteurs forme un circuit toujours fermé, et dont toutes les parties agissent de même sur l'aimant, soit qu'elles soient fixes ou mobiles ; dans ce dernier cas, elles exercent, à chaque instant, précisément les mêmes forces que si elles étaient fixes dans la position où elles se trouvent à cet instant. Or nous avons démontré, d'abord synthétiquement à l'aide des considérations que nous ont fournies les figures 30 et 31, ensuite en calculant directement les moments de rotation, qu'un circuit fermé ne peut imprimer à un aimant un mouvement continu autour de la droite qui joint ses deux pôles, soit qu'on les considère, conformément à ma théorie, comme les deux extrémités d'un solénoïde équivalent à l'aimant, ou comme deux molécules magnétiques dont l'intensité soit assez grande pour que les actions exercées restent les mêmes quand on les substitue à toutes celles dont on regarde l'aimant comme composé dans l'hypothèse des deux fluides. L'impossibilité du mouvement de rotation de l'aimant autour de son axe, tant que le circuit total fermé en est partout séparé, se trouve ainsi complètement démontrée, non seulement en appliquant ma formule aux courants du solénoïde substitué à l'aimant, mais aussi en partant de la considération d'une force qui aurait lieu entre un élément de fil conducteur et une molécule magnétique perpendiculairement au plan qui passe par cette molécule et par la direction de l'élément, en raison inverse du carré de la distance, et qui serait proportionnelle au sinus de l'angle compris entre la droite qui mesure cette distance et la direction de l'élément. Mais lorsqu'on suppose, dans ce dernier cas, que la force passe par le milieu de l'élément, soit qu'elle agisse sur lui ou réagisse sur la molécule magnétique, ainsi que cela a lieu, d'après ma théorie, à l'égard du solénoïde, le même mouvement devient possible dès qu'une portion du courant passe par l'aimant, ou par une portion de conducteur invariablement liée avec lui ; parce que toutes les actions exercées par cette portion sur les particules étant détruites par les réactions égales et opposées qu'exercent sur elles ces mêmes particules, il ne reste que les actions exercées par le reste du circuit total qui n'est plus fermé, et peut par conséquent faire tourner l'aimant.

Pour bien concevoir tout ce qui rapporte à cette sorte du mouvement, concevons que la tige TVUS (Pl. I, fig. 13), qui supporte la petite coupe S dans laquelle plonge la pointe o du conducteur mobile oab, soit pliée en V et U comme on le voit dans la figure, de manière à laisser libre la portion VU de la droite TS prise pour axe de rotation, afin qu'on puisse suspendre l'aimant cylindrique GH, par un fil très fin ZK, au crochet K attaché en U à cette tige, et que le conducteur mobile oab maintenu dans la situation où on le voit dans la figure par le contre-poids c, soit terminé en b par une lame de cuivre bef, qui plonge dans l'eau acidulée dont on remplit le vase MN, afin que ce conducteur communique avec le rhéophore *p*P plongé dans le mercure de la coupe P; tandis que l'autre rhéophore *r*R est en communication avec la tige TVUS par le mercure qu'on met dans la coupe R, et que la pile *pr* ferme le circuit total.

A l'instant où l'on établit le courant dans cet appareil, on voit le conducteur mobile tourner autour de la droite TS; mais l'aimant est seulement amené à une position déterminée autour de laquelle il oscille quelque temps, et où il reste ensuite immobile. En vertu du principe de l'égalité de l'action et de la réaction, qui a lieu à l'égard des moments de rotation autour d'un même axe comme à l'égard des forces, si l'on représente par M le moment de rotation imprimé, par l'action de l'aimant, au conducteur mobile *oab*, la réaction de celui-ci tiendra nécessairement à faire tourner l'aimant autour de son axe avec le moment — M, égal à M, mais agissant en sens contraire.

L'immobilité de l'aimant vient évidemment de ce que si le conducteur mobile *oab* agit sur lui, le reste *b*MP*pr*RTS du circuit total ne peut manquer de le faire également; le moment de l'action qu'il exerce sur l'aimant, réuni à celui de *oab*, donne le moment du circuit fermé *oab*MP*pr*RTS qui est nul; d'où il suit que le moment de *b*MP*pr*RTS est M, égal opposé à — M.

Mais si l'on vient à lier l'aimant GH au conducteur mobile *oab*, il en résulte un système de forme invariable, dans lequel l'action et la réaction qu'ils exercent l'un sur l'autre se détruisent mutuellement; et ce système resterait évidemment immobile, si la partie *b*MP*pr*RTS n'agissait pas comme auparavant sur l'aimant pour le faire tourner en lui imprimant le moment de rotation M. C'est en vertu de ce moment que l'aimant et le conducteur mobile, réunis en un système de forme invariable, tournent autour de la droite TS; et comme ce moment est, comme on vient de le voir, et de même valeur et de même signe que celui qu'imprimait l'aimant au conducteur *oab* quand ce conducteur en était séparé et tournait seul, on voit que ces deux mouvements auront nécessairement lieu dans le même sens, mais avec des vitesses réciproquement proportionnelles au moment d'inertie du conducteur et à la somme de ce moment d'inertie et de celui de l'aimant.

J'ai fait abstraction, dans les considérations précédentes, de l'action exercée par la portion *b*MP*pr*RTS du circuit total sur le conducteur mobile *oab*, soit dans le cas où ce conducteur est séparé de l'aimant, soit dans le cas où il lui est uni, non seulement parce qu'elle est très petite relativement à celle qu'exerce l'aimant, mais parce qu'elle tend uniquement à porter le conducteur mobile dans la situation déterminée par la répulsion mutuelle des éléments de ces deux portions du circuit total, et ne contribue, par conséquent, dans les deux cas, aux mouvements de rotation de *oab*, que pour en faire un peu varier la vitesse, qui sans cela serait constante.

Pour pouvoir facilement unir et séparer alternativement l'aimant et le conducteur mobile, sans interrompre les expériences, il convient de fixer au crochet Z par lequel l'aimant est suspendu au fil ZK, un morceau de fil de cuivre ZX terminé en X par une fourchette dont les deux branches X*x*, X*y* embrassent le conducteur mobile *oab*, qui se trouve serré entre elles, quand on plie convenablement la tige ZX; en la pliant en sens contraire, on lui donne la position où elle est représentée dans la figure, et le conducteur redevient libre.

J'ai expliqué en détail cette expérience, parce qu'elle semble, plus qu'aucune autre, appuyer l'hypothèse du couple primitif, quand on ne l'analyse pas comme je viens de le faire. En effet, on admet comme moi, dans cette hypothèse, que les forces exercées par l'aimant GH, sur les éléments du conducteur mobile *oab*, passent par ces éléments, et qu'en les supposant tous dans le plan vertical TS*ab*, mené par la droite TS, les forces sont normales à ce plan, elles tendent donc à faire tourner *oab* toujours dans le même sens autour de TS : ces forces sont, d'après la loi proposée par M. Biot, précisément les mêmes, en grandeur, en direction et relativement à leurs points d'application, que les forces données par ma formule; elles produisent donc le même moment de rotation M en vertu duquel s'exécute le mouvement du conducteur *oab* lorsqu'il est libre. Mais, suivant les physiciens qui admettent l'hypothèse dont il est ici question, les forces dues à la réaction des éléments du conducteur sur l'aimant ne sont plus les mêmes qu'en grandeur et en ce qu'elles sont perpendiculaires au plan TS*ab*; ils pensent que ces forces sont appliquées aux molécules magnétiques, ou, ce qui revient au même, aux deux pôles de l'aimant GH qui sont sur la droite TS; dès lors leurs moments de rotation sont nuls relativement à cette droite. C'est à cette cause qu'ils attribuent l'immobilité de l'aimant quand il n'est lié à aucune portion du circuit voltaïque; mais pour expliquer le mouvement de rotation de l'aimant dans le cas où on l'unit au conducteur mobile *oab*, à l'aide de la tige ZX, ils supposent que la réunion de ces deux corps en un système de forme invariable, n'empêche pas l'aimant d'agir toujours pour imprimer au conducteur mobile le même moment de rotation M, sans que ce conducteur réagisse sur l'aimant de manière à mettre obstacle au mouvement du système, qui doit tourner par conséquent dans le même sens que tournait le conducteur mobile avant d'être lié invariablement à l'aimant, mais avec une vitesse moindre dans la raison réciproque des moments d'inertie du conducteur seul et du conducteur réuni à l'aimant.

C'est ainsi qu'on trouve dans cette hypothèse les mêmes résultats que quand on suppose l'action opposée à la réaction suivant la même droite, et qu'on tient compte de l'action exercée sur l'aimant par le reste *b*MP*pr*RTS du circuit voltaïque. Il résulte de tout ce qui a été démontré dans ce mémoire, que cette identité des effets produits et des valeurs des forces que nous venons de trouver, dans le cas que nous avons examiné, entre la manière dont j'ai expliqué les phénomènes et l'hypothèse du couple primitif, est une suite nécessaire de ce que le circuit voltaïque qu'on fait agir sur l'aimant est toujours fermé, et que dès qu'il s'agit d'un circuit fermé, non seulement les trois forces parallèles à trois axes qui résultent de l'action qu'un tel circuit exerce sur un aimant, mais encore les trois moments de rotation autour de ces trois axes, sont les mêmes dans les deux manières de concevoir les choses, ainsi que le mouvement de l'aimant, qui ne peut dépendre que de ces six quantités.

La même identité se retrouvera, par conséquent, dans toutes les expériences du même genre, et ce n'est, ni par ces expériences, ni par la mesure des forces qui se développent entre les fils conducteurs et les aimants, qu'une telle question peut être décidée; elle doit l'être :

1° Par la nécessité du principe, que l'action mutuelle des diverses parties d'un système de forme invariable ne peut, dans aucun cas, imprimer à ce système un mouvement quelconque; principe qui n'est qu'une conséquence de l'idée même que nous avons des forces et de l'inertie de la matière.

2° Par cette circonstance, que l'hypothèse du couple primitif n'a été imaginée, par ceux qui l'ont proposée, que parce qu'ils ont cru que les phénomènes dont ils sont partis ne pouvaient être expliqués autrement, faute d'avoir tenu compte de l'action qu'exerce sur l'aimant la totalité du circuit voltaïque ; parce qu'ils n'ont pas fait attention que ce circuit est toujours fermé, et qu'ils n'ont pas déduit, comme je l'ai fait, de la loi proposée par M. Biot, cette conséquence rigoureuse que, pour un circuit fermé, les forces et les moments sont identiquement les mêmes, soit qu'on suppose que les directions des forces exercées sur l'aimant passent par les molécules magnétiques ou par les milieux des éléments des fils conducteurs.

3° Sur ce, quand on admet que les phénomènes dont nous nous occupons peuvent être produits, en dernière analyse, par les forces exprimées en fonctions des distances qu'exercent les molécules des deux fluides électriques, et qu'on attribue aussi aux deux fluides magnétiques quand on les regarde comme la cause des phénomènes, purement électriques selon moi, que présentent les aimants, on peut bien concevoir que si ces molécules sont en mouvement dans les fils conducteurs, il en résulte entre leurs éléments des forces qui ne dépendent pas seulement des distances de ces éléments, mais encore des directions suivant lesquelles a lieu le mouvement des molécules électriques qui les parcourent, telles précisément que les forces que donne ma formule, pourvu que ces forces satisfassent à la condition que l'action et la réaction soient dirigées suivant la même droite, tandis qu'il est contradictoire de supposer que des forces, quelles que soient d'ailleurs leurs valeurs en fonctions des distances, dirigées suivant les droites qui joignent les molécules entre lesquelles elles s'exercent, puissent produire, par quelque combinaison que ce soit, lors même que ces molécules sont en mouvement, des forces pour lesquelles l'action et la réaction ne soient pas dirigées suivant la même droite, mais suivant deux droites parallèles, comme dans l'hypothèse du couple primitif.

On sait, en effet, que quand même des molécules électriques ou magnétiques sont en mouvement, elles agissent à chaque instant comme si elles étaient en repos dans la situation où elles se trouvent à cet instant. Si donc on considère deux systèmes de molécules, telles que chaque molécule de l'un exerce sur chaque molécule de l'autre une force égale et opposée, suivant la droite qui les joint, à la force exercée par la seconde molécule sur la première, et qu'arrêtant toutes ces molécules dans la situation où elles se trouvent à un instant donné, on suppose qu'elles soient toutes liées invariablement ensemble dans cette situation, il y aura nécessairement équilibre dans le système de forme invariable, composé des deux autres, qui résultera de cette supposition, puisqu'il y aura équilibre entre les forces élémentaires prises deux à deux. La résultante de toutes les forces exercées par le premier système sur le second sera donc égale et opposée, suivant la même droite, à celle de toutes les forces exercées par le second sur le premier; et ces deux résultantes ne pourront jamais produire un couple capable de faire tourner le système total, quand toutes ses parties sont invariablement liées entre elles, comme le supposent ceux qui, tout en adoptant l'hypothèse d'un couple dans l'action mutuelle d'une molécule magnétique et d'un élément de fil conducteur, prétendent cependant que cette action résulte de ce que l'élément n'agit sur la molécule que parce qu'il est lui-même un assemblage de molécules magnétiques, dont les actions sur celle que l'on considère sont telles que Coulomb les a établies, c'est-à-dire dirigées suivant les droites qui les joignent à cette dernière, et en raison inverse des carrés des distances.

Il suffit de lire avec quelque attention ce qu'a écrit M. Biot sur les phénomènes dont nous nous occupons, dans le livre neuvième de la troisième édition de son *Traité élémentaire de physique expérimentale*, pour voir qu'après avoir considéré constamment les forces que les éléments des fils conducteurs exercent sur les aimants, comme appliquées aux molécules magnétiques perpendiculairement aux plans passant par chaque élément et chaque molécule, il suppose ensuite quand il parle du mouvement des fils conducteurs autour des aimants, que, les forces exercées par les molécules magnétiques sur les éléments des fils, passent par ces éléments dans des directions parallèles à celles des forces exercées sur l'aimant, et forment, par conséquent, des couples avec les premières, au lieu de leur être opposées suivant les mêmes droites; qu'il explique en particulier, à la page 754, tome II de cet ouvrage, le mouvement de rotation d'un aimant autour de son axe, quand une portion de courant le traverse, en supposant que l'aimant tourne par l'action que cette portion même exerce sur le reste de l'aimant, qui forme cependant avec elle un système de forme invariable dont toutes les parties sont invariablement liées entre elles (1) : ce qui suppose évidemment que l'action et la réaction de

---

(1) Je ne sais s'il est nécessaire de rappeler à ce sujet ce que j'ai déjà fait

cette portion de courant et du reste de l'aimant forment un couple. Comment dès lors concevoir que le physicien qui admet une pareille supposition, puisse s'exprimer en ces termes à la page 769 du même livre : « Si l'on calcule l'action qu'exercerait à distance une aiguille « aimantée d'une longueur infiniment petite et presque moléculaire, « on verra aisément que l'on peut former des assemblages de telles « aiguilles, qui exerceraient des forces transversales. La difficulté « unique, mais très grande sans doute, c'est de combiner de tels sys- « tèmes, de manière qu'il en résulte, pour les tranches d'un fil con- « jonctif de dimension sensible, les lois précises d'actions transver- « sales que l'expérience fait reconnaître, et que nous avons expo- « sées plus haut. » Sans doute que de l'action de deux systèmes de petits aimants, dont les molécules australes et boréales s'attirent ou

---

remarquer ailleurs, savoir que les fluides électriques, d'après l'ensemble des faits, surtout d'après la nullité d'action sur les corps les plus légers de l'électricité qui se meut dans le vide, doivent être considérés comme incapables d'agir en vertu de leur masse qu'on peut dire infiniment petite à l'égard de celle des corps pondérables, et qu'ainsi toute attraction ou répulsion exercée entre ces corps et les fluides électriques peut bien mettre ceux-ci en mouvement, mais non les corps pondérables. Pour que ces derniers se meuvent, il faut, lorsqu'il s'agit des attractions et répulsions électriques ordinaires, que l'électricité soit retenue sur leur surface, afin que la force qui surmonte l'inertie de l'un, s'appuie, si l'on peut s'exprimer ainsi, sur l'inertie de l'autre. Il faut de même, pour que l'action mutuelle de deux fils conducteurs mette ces fils en mouvement, que les décompositions et recompositions du fluide neutre qui ont lieu à chaque instant dans tous les éléments des longueurs des deux fils, déterminent entre leurs particules pondérables les forces capables de vaincre l'inertie de ces particules en imprimant aux deux fils des vitesses réciproquement proportionnelles à leurs masses. Quand on parle de l'action mutuelle de deux courants électriques, on n'a jamais entendu, et il est évident qu'on ne peut entendre, que celle des conducteurs qu'ils parcourent : les physiciens qui admettent des molécules magnétiques agissant sur les éléments d'un fil conducteur, conformément à la loi proposée par M. Biot, admettent sans doute aussi que cette action ne meut le fil que parce que la molécule magnétique est retenue par les particules pondérables de l'aimant qui constituent l'élément magnétique dont elle fait partie ; et il est dès lors évident qu'en supposant que l'aimant se meut par l'action de la portion de courant électrique qui le traverse, on suppose nécessairement que son mouvement résulte de l'action mutuelle qui a lieu entre chacune de celles de ses particules que traverse le courant et toutes les autres particules du même corps.

se repoussent en raison inverse des carrés de leurs distances, suivant les droites qui les joignent deux à deux, il peut résulter des *actions transversales*, mais non pas des *actions qui ne soient pas égales et opposées à des réactions dirigées suivant les mêmes droites*, comme celles que suppose M. Biot.

En un mot, la valeur de l'action de deux éléments de fils conducteurs, que j'ai déduite uniquement de l'expérience, dépend des angles qui déterminent la direction respective des deux éléments : d'après la loi proposée par M. Biot, la force qui se développe entre un élément de fil conducteur et une molécule magnétique, dépend aussi de l'angle qui détermine la direction de l'élément. Si j'ai appelé *élémentaire* la force dont j'ai déterminé la valeur, parce qu'elle s'exerce entre deux éléments de fils conducteurs et parce qu'elle n'a pas encore été ramenée à des forces plus simples : il a aussi appelé *élémentaire* la force qu'il admet entre une molécule magnétique et un élément de fil conducteur. Jusque-là tout est semblable à l'égard de ces deux sortes de forces ; mais pour celle que j'ai admise, l'action et la réaction sont opposées suivant la même droite, et rien n'empêche de concevoir qu'elle résulte des attractions et des répulsions inhérentes aux molécules des deux fluides électriques, pourvu qu'on suppose ces molécules en mouvement dans les fils conducteurs, pour rendre raison de l'influence de la direction des éléments de ces fils sur la valeur de la force ; tandis que M. Biot, en admettant une force pour laquelle l'action et la réaction ne sont pas dirigées en sens contraire sur une même droite, mais sur des droites parallèles et formant un couple, se met dans l'impossibilité absolue de ramener cette force à des attractions et répulsions dirigées suivant les droites qui joignent deux à deux les molécules magnétiques, telles que les admettent tous les physiciens qui s'en sont servis pour expliquer l'action mutuelle de deux aimants. N'est-il pas évident que c'est de cette hypothèse de M. Biot, sur des forces révolutives pour lesquelles l'action et la réaction ne sont pas opposées suivant une même droite, qu'on devrait dire ce qu'il dit (page 771) au sujet de l'action mutuelle de deux éléments de fils conducteurs, telle que je l'ai déterminée par mes expériences et les calculs que j'en ai déduits, savoir : qu'une pareille supposition *est d'abord en elle-même complètement hors des anologies que nous présentent toutes les autres lois d'attraction?* Y a-t-il une hypothèse plus contraire à ces analogies, que d'imaginer des forces telles que l'action mutuelle des diverses parties d'un système de forme invariable puisse mettre ce système en mouvement?

Ce n'est point en m'éloignant ainsi d'une des lois que Newton a regardées comme les fondements de la théorie physique de l'univers, qu'après avoir découvert un grand nombre de faits que nul n'avait observés avant moi, j'ai déterminé, par la seule expérience et en suivant la marche tracée par ce grand homme, d'abord les lois de l'action électro-dynamique, ensuite l'expression analytique de la force qui se développe entre deux éléments de fils conducteurs, et qu'enfin j'ai déduit de cette expression toutes les conséquences exposées dans ce *Mémoire*. M. Biot, en citant les noms d'une partie des physiciens qui ont observé de nouveaux faits ou inventé des instruments qui ont été utiles à la science, n'a parlé ni du moyen par lequel je suis parvenu à rendre mobiles des portions de fils conducteurs, en les suspendant sur des pointes d'acier dans des coupes pleines de mercure, moyen sans lequel on ne saurait rien des actions exercées sur ces fils, soit par d'autres conducteurs, soit par le globe terrestre ou par des aimants; ni des appareils que j'ai construits pour mettre en évidence toutes les circonstances que présentent ces actions, et déterminer avec précision les cas d'équilibre d'où j'ai conclu les lois auxquelles elles sont assujetties; ni de ces lois elles-mêmes déterminées par mes expériences; ni de la formule que j'en ai conclue; ni des applications que j'ai faites de cette formule. Et à l'égard des faits que j'ai observés le premier, il n'en cite qu'un seul, celui de l'attraction mutuelle de deux fils conducteurs; et s'il le cite, c'est pour en donner l'explication qui avait été d'abord proposée par quelques physiciens étrangers, à une époque où l'on n'avait pas fait les expériences qui ont démontré depuis longtemps qu'elle était complètement inadmissible. Cette explication consiste, comme on sait, à supposer que deux fils conducteurs agissent l'un sur l'autre, comme ils le feraient en vertu de l'action mutuelle d'aiguilles aimantées infiniment petites, tangentes aux sections circulaires qu'on peut faire dans toute la longueur des fils supposés cylindriques; l'ensemble des petites aiguilles d'une même section formant ainsi un anneau aimanté, semblable à celui dont MM. Gay-Lussac et Velter se sont servis pour faire, en 1820, une expérience décisive au sujet de l'explication dont il est ici question. Cette expérience a prouvé, comme on sait, qu'un pareil anneau n'exerce absolument aucune action, tant qu'il forme ainsi une circonférence entière, quoiqu'il soit tellement aimanté qu'en le formant d'un acier propre à conserver, quand on le rompt, tout son magnétisme, on trouve, en le brisant, que toutes ses portions sont très fortement aimantées.

Sir H. Davy et M. Erman ont obtenu le même résultat à l'égard d'un anneau d'acier d'une forme quelconque. Il est, au reste, une suite nécessaire de la théorie des deux fluides magnétiques comme de la mienne, ainsi qu'il est aisé de s'en assurer par un calcul tout semblable à celui par lequel j'ai démontré, dans ce Mémoire, la nullité d'action d'un solénoïde formant une courbe fermée, conformément à ce que M. Savary a trouvé, le premier, par un calcul qui ne diffère pas essentiellement du mien, et qu'on peut voir, soit dans l'addition qui se trouve à la suite du Mémoire sur l'application du calcul aux phénomènes électro-dynamiques, qu'il a publié en 1823, soit dans le *Journal de physique*, tome XCVI, pages 295 et suiv. En donnant de nouveau cette explication, M. Biot montre qu'il ne connaissait ni l'expérience de Gay-Lussac et Velter, ni le calcul de M. Savary.

Il y a plus, les petites aiguilles tangentes aux circonférences des sections des fils conducteurs, sont considérées par M. Biot comme les particules mêmes de la surface du fil conducteur aimantées par le courant électrique qui séparerait dans ces particules le fluide austral du fluide boréal, en les portant en sens contraire, sans que les molécules de ces fluides puissent sortir des particules du fil où elles se trouvaient d'abord réunies en fluide neutre. Dès lors, quand le courant est établi depuis quelque temps dans le fluide et se continue indéfiniment, la distribution des molécules magnétiques dans les fils conducteurs ne peut plus changer; c'est donc comme s'il y avait dans ces fils une multitude de points déterminés qui ne changeraient pas de situation tant que le courant continuerait avec la même intensité, et dont il émanerait des forces attractives et répulsives dues aux molécules magnétiques, et par conséquent réciproquement proportionnelles aux carrés des distances.

Ainsi deux fils conducteurs n'agiraient l'un sur l'autre qu'en vertu de forces exprimées par une fonction des distances entre des points fixes dans l'un des fils et d'autres points également fixes dans l'autre fil; mais alors un de ces fils, supposé immobile, ne pourrait qu'amener l'autre dans la situation d'équilibre où l'intégrale des forces vives, qui s'obtient toujours en fonctions des coordonnées des points du fil mobile quand les forces sont fonctions des distances, atteindrait sa valeur maximum. Jamais de telles forces ne pourraient produire un mouvement de rotation dont la vitesse allât toujours en augmentant dans le même sens, jusqu'à ce que cette vitesse devînt constante, à cause des frottements, ou de la résistance du liquide dans lequel il faut que plongent les conducteurs mobiles pour maintenir les communications. Or, j'ai obtenu ce mouvement de rotation en faisant agir un conducteur spiral, formant à peu près un cercle, sur un fil conducteur rectiligne, tournant autour d'une de ses extrémités située au centre du cercle, tandis que son autre extrémité se trouvait assez près du conducteur spiral.

Cette expérience, où le mouvement est très rapide et peut durer plusieurs heures, quand on emploie une pile assez forte, est en contradiction manifeste avec la manière de voir de M. Biot; et si elle ne l'est pas avec l'opinion que l'action de deux fils conducteurs résulte des forces attractives et répulsives inhérentes aux molécules des deux fluides électriques, c'est que ces molécules ne restent pas circonscrites, comme celles dont on suppose composés les deux fluides magnétiques, dans des espaces très petits où leur distribution est déterminée par une cause permanente, mais qu'au contraire elles parcourent toute la longueur de chaque fil par une suite de compositions et de décompositions, qui se succèdent à de très courts intervalles : d'où il peut résulter, comme je l'ai déjà observé, des mouvements toujours continus dans le même sens, incompatibles avec la supposition que les points d'où émanent les forces attractives et répulsives ne changent point de lieu dans les fils.

Enfin, M. Biot répète dans la troisième édition de son *Traité élémentaire de physique* (tome II, page 773), ce qu'il avait déjà dit dans la note qu'il publia, dans les *Annales de chimie et de physique*, sur les premières expériences relatives au sujet dont nous nous occupons, qu'il a faites avec M. Savart, savoir : que quand un élément de fil conjonctif très fin indéfini agit sur une molécule magnétique, « la « nature de son action est la même que celle d'une aiguille aimantée « qui serait placée sur le contour du fil dans un sens déterminé et « toujours constant par rapport à la direction du courant voltaïque. » Cependant l'action de cette aiguille sur une molécule magnétique est dirigée suivant la même droite que la réaction de la molécule sur l'aiguille, et il est d'ailleurs aisé de voir que la force qui en résulte est en raison inverse du cube, et non pas du carré de la distance, comme M. Biot a trouvé lui-même qu'est celle de l'élément du fil.

Il me reste maintenant à étendre à l'action mutuelle de deux circuits fermés, de grandeurs et de formes quelconques, les considérations relatives aux surfaces terminées par ces circuits et dont les points agissent comme ce qu'on appelle des molécules de fluide austral et de fluide boréal, que j'ai précédemment appliquées à l'action mutuelle d'un circuit fermé quelconque et d'un élément de fil conducteur. J'ai trouvé que l'action de l'élément $d^2\sigma$ sur les deux surfaces terminées par le contour s, était exprimée par les trois forces

$$\mu g \varepsilon' d^2 \sigma' \frac{u^2 \, d\varphi}{r^3}, \qquad \mu g \varepsilon' d^2 \sigma' \frac{v^2 \, d\chi}{r^3}, \qquad \mu g \varepsilon' d^2 \sigma' \frac{w^2 \, d\psi}{r^3},$$

appliquées à chacun des éléments ds de ce contour, je vais maintenant faire à l'égard du circuit s', ce que j'ai fait alors à l'égard du circuit s. Concevons pour cela une nouvelle surface terminée de tous côtés, comme la surface σ', par la courbe fermée s', et qui soit telle que les portions des normales de la surface σ' comprises entre elle et cette nouvelle surface, soient partout très petites. Supposons, sur la nouvelle surface, du fluide de l'espèce contraire à celui de la surface σ', de manière qu'il y ait les mêmes quantités des deux fluides dans les parties correspondantes des deux surfaces. En désignant par ξ', η', ζ', les angles que la normale au point m', dont les coordonnées sont x', y', z', forme avec les trois axes, et par h' la petite portion de cette normale qui est comprise entre les deux surfaces, nous pourrons, comme nous l'avons fait pour l'élément $d^2\sigma'$, ramener l'action de l'élément de la nouvelle surface qui est représenté par $d^2\sigma'$, sur l'ensemble des deux surfaces terminées par le contour s, à des forces appliquées, comme on l'a vu, page 319, aux divers éléments de ce contour; celle qui est relative à l'élément ds et parallèle aux x s'obtiendra en substituant dans l'expression que nous avons trouvée pour cette force

$$\mu g \varepsilon' d^2 \sigma' \frac{u^2 \, d\varphi}{r^3},$$

ou

$$- \mu g \varepsilon' d^2 \sigma \frac{(y' - y)\, dz - (z' - z)\, dy}{r^3},$$

les nouvelles coordonnées $x' + h' \cos \xi'$, $y' + h' \cos \eta'$, $z' + h' \cos \zeta'$ à la place de x', y', z'. Comme les forces ainsi obtenues agissent en sens contraire des premières, il faut les en retrancher, ce qui se réduit, lorsqu'on néglige dans le calcul les puissances de h supérieures à la première, à différentier

$$ - \mu g \varepsilon' d^2 \sigma' \frac{(y' - y)\, dz - (z' - z)\, dy}{r^3}. $$

en faisant varier x', y', z', remplaçant $\delta x'$, $\delta y'$, $\delta z'$ par $h' \cos \xi'$, $h' \cos \eta'$, $h' \cos \zeta'$, et changeant le signe du résultat, tandis que x, y, z, et dx, dy, dz, doivent être considérées comme des constantes puisqu'elles appartiennent à l'élément ds.

La formule dans laquelle on doit substituer $h' \cos \xi'$, $h' \cos \eta'$, $\cos \zeta'$ à $\delta x'$, $\delta y'$, $\delta z'$, est donc

$$ \mu g \varepsilon' \left(dz\, d^2 \sigma' \delta' \frac{y' - y}{r^3} - dy\, d^2 \sigma' \delta' \frac{z' - z}{r^3} \right), $$

qu'il faut intégrer après cette substitution dans toute l'étendue de la surface σ' pour avoir l'action totale de cette surface et de celle qui lui est jointe sur l'assemblage des deux surfaces terminées par le contour s. On peut faire cette double intégration séparément sur chacun des deux termes dont cette expression se compose. Exécutons d'abord celle qui est relative au premier terme

$$ \mu g \varepsilon' dz\, d^2 \sigma' \delta' \frac{y' - y}{r^3}. $$

Pour cela, décomposons la surface σ' en une infinité de zones infiniment étroites par une suite de plans perpendiculaires au plan des xz menés par la coordonnée y du milieu o de l'élément ds. Nous prendrons, sur une de ces zones, pour $d^2 \sigma'$ l'élément de la surface σ' qui a pour expression

$$ \frac{v\, d'v\, d'\chi}{\cos \eta'}, $$

et nous aurons alors à intégrer la quantité

$$ \mu g \varepsilon' dz \frac{v\, d'v\, d'\chi}{\cos \eta'} \delta' \frac{y' - y}{r^3}, $$

qui se changera, par une transformation toute semblable à celle que nous avons employée plus haut relativement à

$$d^2\sigma = \frac{u\,d\,u\,d\varphi}{\cos\xi},$$

en celle-ci

$$-\mu g\,d\,z\,h'\varepsilon'\,d'\chi\,d'\frac{v^2}{r^3},$$

En supposant, comme nous l'avons fait pour la surface σ, que les quantités h', ε' varient ensemble de manière que leur produit conserve une valeur constante g', on intégrera cette dernière expression, en supposant l'angle χ constant, dans toute la longueur de la zone renfermée sur la surface σ' entre les deux plans qui comprennent l'angle $d'\chi$ depuis l'un des bords du contour s' jusqu'à l'autre. Cette première intégration s'effectue immédiatement et donne

$$-\mu g g'\,d\,z\,d'\chi\left(\frac{v_2^2}{r_2^3}-\frac{v_1^2}{r_1^3}\right),$$

r_1, v_1 et r_2, v_2 représentant les valeurs de r et de v pour les deux bords du contour s'. Les deux parties de cette expression doivent maintenant être intégrées par rapport à χ respectivement dans les deux portions du contour s' déterminées par les deux plans tangents à ce contour menés par l'ordonnée y de l'élément ds; et d'après la remarque que nous avons faite, page 317, à l'égard de la valeur de la force parallèle aux x dans le calcul relatif aux deux surfaces terminées par le contour s, il est aisé de voir qu'on a ici

$$-\mu g g'\,d\,z\int\frac{v^2\,d'\chi}{r^3},$$

en prenant cette intégrale dans toute l'étendue du contour fermé s'; les variables r, v et χ n'étant plus relatives qu'à ce contour.

On exécutera de la même manière la double intégration de l'autre terme qui est égal à

$$-\mu g\varepsilon'\,d\,y\,d^2\sigma'\,\delta'\frac{z'-z}{r^3}$$

dans toute l'étendue de la surface σ'. Il faudra, pour cela, diviser cette surface en une infinité de zones, par des plans menés par la coordonnée z du milieu de l'élément ds, et prendre, sur l'une de ces zones, pour $d^2\sigma'$ l'aire infiniment petite qui a pour expression $\dfrac{wd'wd'\psi}{\cos\zeta'}$. La formule, après avoir été transformée comme la précédente, s'intégrera d'abord dans toute la longueur de la zone; l'intégrale ne renfermera alors que des quantités relatives au contour s'. Ensuite la seconde intégration faite par rapport à ψ dans l'étendue du contour fermé s', donnera

$$\mu g g' \, dy \int \frac{w^2 d'\psi}{r^3}.$$

Rassemblant enfin les deux résultats obtenus par ces doubles intégrations, on aura

$$\mu g g' \left(dy \int \frac{w^2 d'\psi}{r^3} - dz \int \frac{v^2 d'\chi}{r^3} \right)$$

pour la valeur de la force parallèle aux x, dont la direction passe par le milieu de l'élément ds, et qui provient de l'action des deux surfaces terminées par le contour s' sur les deux surfaces terminées par le contour s.

On aura de même, parallèlement aux deux autres axes, les forces

$$\mu g g' \left(dz \int \frac{u^2 d'\varphi}{r^3} - dx \int \frac{w^2 d'\psi}{r^3} \right),$$

$$\mu g g' \left(dx \int \frac{v^2 d'\chi}{r^3} - dy \int \frac{u^2 d'\varphi}{r^3} \right).$$

Ainsi, en supposant appliquées à chaque élément ds du contour s les forces que nous venons de déterminer, on aura l'action qui résulte des attractions et répulsions des deux fluides magnétiques, répandus et fixés sur les deux assemblages de surfaces terminées par les deux contours s, s'.

Mais ces forces appliquées aux éléments ds ne diffèrent que par le signe de celles que nous avons obtenues page 106, pour l'action des deux circuits s, s', en les supposant parcourus par des courants électriques, pourvu qu'on ait $\mu g g' = \frac{1}{2} i i'$. Cette différence vient de ce que dans le calcul qui nous a les données, les différentielles $d'\varphi$, $d'\chi$, $d'\psi$ ont été supposées de même signe que les différentielles $d\varphi$, $d\chi$, $d\psi$, tandis qu'elles doivent être prises avec des signes contraires quand les deux courants se meuvent dans le même sens; alors les forces

19

produites par l'action mutuelle de ces courants sont précisément les mêmes que celles qui résultent de l'action des deux surfaces σ' sur les deux surfaces σ, et il est ainsi complètement démontré que l'action mutuelle de deux circuits solides et fermés, parcourus par des courants électriques, peut être remplacée par celle de deux assemblages composés chacun de surfaces ayant pour contours ces deux circuits, et sur lesquelles seraient fixées des molécules de fluide austral et de fluide boréal, s'attirant et se repoussant suivant les droites qui les joignent, en raison inverse des carrés des distances. En combinant ce résultat avec cette conséquence rigoureuse du principe général de la conservation des forces vives, déjà rappelée plusieurs fois dans ce Mémoire, que toute action réductible à des forces, fonctions des distances, agissant entre des points matériels formant deux systèmes solides, l'un fixe, l'autre mobile, ne peut jamais donner lieu à un mouvement qui soit indéfiniment continu, malgré les résistances et les frottements qu'éprouve le système mobile, nous en conclurons, comme nous l'avons fait quand il s'agissait d'un aimant et d'un circuit voltaïque solide et fermé, que cette sorte de mouvement ne peut jamais résulter de l'*action mutuelle de deux circuits solides et fermés*.

Au lieu de substituer à chaque circuit deux surfaces très voisines recouvertes l'une de fluide austral et l'autre de fluide boréal, ces fluides étant distribués comme il a été dit plus haut, on pourrait remplacer chaque circuit par une seule surface sur laquelle seraient uniformément distribués des éléments magnétiques tels que les a définis M. Poisson, dans le Mémoire lu à l'Académie des Sciences, le 2 février 1824.

L'auteur de ce Mémoire, en calculant les formules par lesquelles il a fait rentrer dans le domaine de l'analyse toutes les questions relatives à l'aimantation des corps, quelle que soit la cause qu'on lui assigne, a donné (1) les valeurs des trois forces exercées par un élément magnétique sur une molécule de fluide austral ou boréal; ces valeurs sont identiques à celles que j'ai déduites de ma formule, pour les trois quantités A, B, C, dans le cas d'un très petit circuit fermé et plan, lorsqu'on suppose que les coefficients constants sont les mêmes, et il est aisé d'en conclure un théorème d'après lequel on voit immédiatement :

---

(1) *Mémoire sur la théorie du magnétisme*, par M. Poisson, p. 22.

1° Que l'action d'un solénoïde électro-dynamique, calculée d'après ma formule, est, dans tous les cas, la même que celle d'une série d'éléments magnétiques de même intensité, distribués uniformément le long de la ligne droite ou courbe qu'entourent tous les petits circuits du solénoïde, en donnant, à chacun de ses points, aux axes des éléments, la direction même de cette ligne;

2° Que l'action d'un circuit voltaïque solide et fermé, calculée de même d'après ma formule, est précisément celle qu'exerceraient des éléments magnétiques de même intensité, distribués uniformément sur une surface quelconque terminée par ce circuit, lorsque les axes des éléments magnétiques sont partout normaux à cette surface.

Le même théorème conduit encore à cette conséquence, que si l'on conçoit une surface renfermant de tous côtés un très petit espace; qu'on suppose, d'une part, des molécules de fluide austral et de fluide boréal en quantités égales distribuées sur cette petite surface, comme elles doivent l'être pour qu'elles constituent l'élément magnétique tel que l'a considéré M. Poisson, et, d'autre part, la même surface recouverte de courants électriques, formant sur cette surface de petits circuits fermés dans des plans parallèles et équidistants, et qu'on calcule l'action de ces courants d'après ma formule, les forces exercées, dans les deux cas, soit sur un élément de fil conducteur, soit sur une molécule magnétique, sont précisément les mêmes, indépendantes de la forme de la petite surface, et proportionnelles au volume qu'elle renferme, les axes des éléments magnétiques étant représentés par la droite perpendiculaire aux plans des circuits.

L'identité de ces forces une fois démontrée, on pourrait considérer comme n'en étant que de simples corollaires, tous les résultats que j'ai donnés dans ce Mémoire, sur la possibilité de substituer aux aimants, sans changer les effets produits, des assemblages de courants électriques formant des circuits fermés autour de leurs particules. Je pense qu'il sera facile au lecteur de déduire cette conséquence, et le théorème sur lequel elle repose, des calculs précédents; je l'ai d'ailleurs développée dans un autre Mémoire où j'ai discuté en même temps, sous ce nouveau point de vue, tout ce qui est relatif à l'action mutuelle d'un aimant et d'un conducteur voltaïque.

Pendant que je rédigeais celui-ci, M. Arago a découvert un nouveau genre d'action exercée sur les aimants. Cette découverte, aussi importante qu'inattendue, consiste dans l'action mutuelle qui se développe entre un aimant et un disque ou anneau d'une substance quelconque, dont la situation relative change continuellement. M. Arago ayant eu l'idée qu'on devait pouvoir, dans cette expérience, substituer un conducteur plié en hélice au barreau aimanté, m'engagea à vérifier cette conjecture par une expérience dont le succès ne pouvait guère être douteux. Les défauts de l'appareil avec lequel j'essayai de constater l'existence de cette action dans les expériences que je fis avec M. Arago, nous empêchèrent d'obtenir un résultat décisif; mais M. Colladon ayant bien voulu se charger de disposer plus convenablement l'appareil dont nous nous étions servis, j'ai vérifié avec lui de la manière la plus complète, aujourd'hui 30 août 1826, l'idée de M. Arago, en faisant usage d'une double hélice très courte, dont les spires avaient environ deux pouces de diamètre.

Cette expérience complète l'identité des effets produits, soit par des aimants, soit par des assemblages de circuits voltaïques solides et fermés (1); elle achève de démontrer que la série de décompositions

(1) Il semble d'abord que cette identité ne devrait avoir lieu qu'à l'égard des circuits voltaïques fermés d'un très petit diamètre; mais il est aisé de voir qu'elle a lieu aussi pour les circuits d'une grandeur quelconque, puisque nous avons vu que ceux-ci peuvent être remplacés par des éléments magnétiques distribués uniformément sur des surfaces terminées par ces circuits, et qu'on peut multiplier à volonté le nombre des surfaces que circonscrit un même circuit. L'ensemble de ces surfaces peut être considéré comme un faisceau d'aimants équivalents au circuit. La même considération prouve que sans rien changer aux forces qui en résultent, il est toujours possible de remplacer les très petits courants électriques qui entourent les particules d'un barreau aimanté, par des courants électriques d'une grandeur finie, ces courants formant des circuits fermés autour de l'axe du barreau quand ceux des particules sont distribués symétriquement autour de cet axe. Il suffit pour cela de concevoir dans ce barreau des surfaces, terminées à celle de l'aimant, qui coupent partout à angles droits les lignes d'aimantation, et qui passent par les éléments magnétiques qu'on peut toujours supposer situés aux points où ces lignes sont rencontrées par les surfaces. Alors, si tous les éléments d'une même surface se trouvaient égaux en intensité sur des aires égales, ils devraient être remplacés par un seul courant électrique parcourant la courbe formée par l'intersection de cette surface et de celle de l'aimant; s'ils variaient en augmentant d'intensité de la surface à l'axe de l'aimant, il faudrait leur substituer d'abord un courant dans cette intersection tel qu'il devrait être d'après l'intensité *minimum* des courants particulaires de la surface normale aux lignes d'aimantation que l'on considère, puis, à chaque ligne circonscrivant les portions de cette surface où les petits courants deviendraient plus intenses, on concevrait un nouveau cou-

et de recompositions du fluide neutre, qui constitue le courant électrique, suffit pour produire, dans ce cas comme dans tous les autres,
les effets qu'on explique ordinairement par l'action de deux fluides
différents de l'électricité, et qu'on désigne sous les noms de *fluide
austral* et de *fluide boréal.*

Après avoir longtemps réfléchi sur tous ces phénomènes et sur
l'ingénieuse explication que M. Poisson a donnée dernièrement du
nouveau genre d'action découvert par M. Arago, il me semble que ce
qu'on peut admettre de plus probable dans l'état actuel de la science,
se compose des propositions suivantes :

1° Sans qu'on soit autorisé à rejeter les explications fondées sur la
réaction de l'éther mis en mouvement par les courants électriques,
rien n'oblige jusqu'à présent d'y avoir recours.

2° Les molécules des deux fluides électriques, distribuées sur la
surface des corps conducteurs, sur la surface ou dans l'intérieur des
corps qui ne le sont pas, et restant aux points de ces corps où elles
se trouvent, soit en équilibre dans le premier cas, soit parce qu'elles
y sont retenues dans le second par la force coercitive des corps non
conducteurs, produisent, par leurs attractions et répulsions récipro-

---

rant concentrique au précédent, et tel que l'exigerait la différence d'intensité
des courants adjacents, les uns en dehors, les autres en dedans de cette ligne ;
si l'intensité des courants particuliers allait en diminuant de la surface à l'axe
du barreau, il faudrait concevoir, sur la ligne de séparation, un courant concentrique au précédent, mais allant en sens contraire ; enfin, une augmentation
d'intensité qui succéderait à cette diminution, exigerait un nouveau courant
concentrique dirigé comme le premier.

Je ne fais, au reste, ici cette remarque que pour ne pas omettre une conséquence remarquable des résultats obtenus dans ce Mémoire, et non pour en
déduire quelques probabilités en faveur de la supposition que les courants électriques des aimants forment des circuits fermés autour de leurs axes. Après
avoir d'abord hésité entre cette supposition et l'autre manière de concevoir ces
courants, en les considérant comme entourant les particules des aimants ; j'ai
reconnu, depuis longtemps, que cette dernière était la plus conforme à l'ensemble des faits, et je n'ai point changé d'opinion à cet égard.

Cette conséquence est d'ailleurs utile en ce qu'elle rend la similitude des
actions produites, d'une part par une hélice électro-dynamique, de l'autre par
un aimant, aussi complète, sous le point de vue de la théorie, qu'on la trouve
quand on consulte l'expérience, et en ce qu'elle justifie les explications où l'on
substitue, comme je l'ai fait dans celle que j'ai donnée plus haut du mouvement de révolution d'un aimant flottant, un seul circuit fermé à l'aimant que
l'on considère.

quement proportionnelles aux carrés des distances, tous les phénomènes de l'électricité ordinaire.

3° Quand les mêmes molécules sont en mouvement dans les fils
conducteurs, qu'elles s'y réunissent en fluide neutre et s'y séparent à
chaque instant, il résulte de leur action mutuelle des forces qui dépendent d'abord de la durée des périodes extrêmement courtes comprises entre deux réunions ou deux séparations consécutives, ensuite
des directions suivant lesquelles s'opèrent ces compositions et décompositions alternatives du fluide neutre. Les forces ainsi produites sont
constantes dès que cet état dynamique des fluides électriques dans les
fils conducteurs est devenu permanent; ce sont elles qui produisent
tous les phénomènes d'attraction et de répulsion que j'ai découverts
entre deux de ces fils.

4° L'action dont j'ai reconnu l'existence, entre la terre et les conducteurs voltaïques, ne permet guère de douter qu'il existe des courants, semblables à ceux des fils conducteurs, dans l'intérieur de
notre globe. On peut présumer que ces courants sont la cause de la
chaleur qui lui est propre; qu'ils ont lieu principalement là ou la
couche oxydée qui l'entoure de toute part repose sur un noyau métallique, conformément à l'explication que sir H. Davy a donnée des
volcans, et que ce sont eux qui aimantent les minerais magnétiques
et les corps exposés dans des circonstances convenables à l'action
électro-dynamique de la terre. Il n'existe cependant, et ne peut exister, d'après l'identité d'effets expliquée dans la note précédente, aucune preuve sans réplique que les courants terrestres ne sont pas
seulement établis autour des particules du globe.

5° Le même état électro-dynamique permanent consistant dans une
série de décompositions et de recompositions du fluide neutre qui a
lieu dans les fils conducteurs, existe autour des particules des corps
aimantés, et y produit des actions semblables à celles qu'exercent ces
fils.

6° En calculant ces actions d'après la formule qui représente celle
de deux éléments de courants voltaïques, on trouve précisément,
pour les forces qui en résultent, soit quand un aimant agit sur un fil
conducteur, soit lorsque deux aimants agissent l'un sur l'autre, les
valeurs que donnent les dernières expériences de M. Biot dans le premier cas, et celles de Coulomb dans le second.

7° Cette identité, purement mathématique, confirme de la manière
la plus complète l'opinion, fondée d'ailleurs sur l'ensemble de tous

les faits, que les propriétés des aimants sont réellement dues au mouvement continuel des deux fluides électriques autour de leurs particules.

8° Quand l'action d'un aimant, ou celle d'un fil conducteur, établit ce mouvement autour des particules d'un corps, les molécules d'électricité positive et d'électricité négative, qui doivent se constituer dans l'état électro-dynamique permanent d'où résultent les actions qu'il exerce alors, soit sur un fil conducteur, soit sur un corps aimanté, ne peuvent arriver à cet état qu'après un temps toujours très court, mais qui n'est jamais nul, et dont la durée dépend en général de la résistance que le corps oppose au déplacement des fluides électriques qu'il renferme. Pendant ce déplacement, soit avant d'arriver à un état de mouvement permanent, soit quand cet état cesse, elles doivent exercer des forces qui produisent probablement les singuliers effets que M. Arago a découverts. Cette explication n'est, au reste, que celle de M. Poisson, appliquée à ma théorie, car un courant électrique formant un très petit circuit fermé agissant précisément comme deux molécules, l'une de fluide austral, l'autre de fluide boréal, situées sur son axe, de part et d'autre du plan du petit courant, à des distances de ces plans égales entre elles, et d'autant plus grandes que le courant électrique a plus d'intensité, on doit nécessairement trouver les mêmes valeurs pour les forces qui se développent, soit lorsqu'on suppose que le courant s'établit ou cesse d'exister graduellement, soit quand on conçoit que les molécules magnétiques, d'abord réunies en fluide neutre, se séparent, en s'éloignant successivement à des distances de plus en plus grandes, et se rapprochent ensuite pour se réunir de nouveau.

Je crois devoir observer en finissant ce Mémoire, que je n'ai pas encore eu le temps de faire construire les instruments représentés dans la figure 4 de la planche première et dans la figure 20 de la seconde planche. Les expériences auxquelles ils sont destinés n'ont donc pas encore été faites; mais, comme ces expériences ont seulement pour objet de vérifier des résultats obtenus autrement, et qu'il serait d'ailleurs utile de les faire comme une contre-épreuve de celles qui ont fourni ces résultats, je n'ai pas cru devoir en supprimer la description.

NOTES

CONTENANT

QUELQUES NOUVEAUX DÉVELOPPEMENTS SUR DES OBJETS TRAITÉS
DANS LE MÉMOIRE PRÉCÉDENT

I. *Sur la manière de démontrer par les quatre cas d'équilibre exposés au commencement de ce Mémoire, que la valeur de l'action mutuelle de deux éléments de fils conducteur est*

$$- \frac{2ii'}{\sqrt{r}} \cdot \frac{d\,s\,d\,s'}{d^2 r}\, d\,s\,d\,s'.$$

En suivant l'ordre des transformations que j'ai successivement fait subir à cette valeur, on trouve d'abord, en vertu des deux premiers cas d'équilibre, qu'elle est

$$\frac{ii'\,(\sin\theta\,\sin\theta'\cos\omega + k\cos\theta\cos\theta')\,d\,s\,d\,s'}{r^n};$$

on déduit du troisième, entre n et k, la relation $n + 2k = 1$, et du quatrième $n = 2$, d'où $k = -\frac{1}{2}$; ce quatrième cas d'équilibre est alors celui qu'on emploie en dernier lieu à la détermination de la valeur de la force qui se développe entre deux éléments de fils conducteurs : mais on peut suivre une autre marche en partant d'une considération dont s'est servi M. de Laplace, quand il a conclu des premières expériences de M. Biot sur l'action mutuelle d'un aimant et d'un conducteur rectiligne indéfini, que celle qu'un élément de ce fil exerce sur un des pôles de l'aimant est en raison inverse du carré de leur distance,

lorsque cette distance change seule de valeur et que l'angle compris
entre la droite qui la mesure et la direction de l'élément reste le
même. En appliquant cette considération à l'action mutuelle de deux
éléments de fils conducteurs, il est aisé de voir, indépendamment de
toute recherche préliminaire sur la valeur de la force qui en résulte,
que cette force est aussi réciproquement proportionnelle au carré de
la distance quand elle varie seule et que les angles qui déterminent
la situation respective des deux éléments n'éprouvent aucun changement. En effet, d'après les considérations développées au commencement de ce Mémoire, la force dont il est ici question est nécessairement dirigée suivant la droite r, et a pour valeur

$$ii''f(r, \theta, \theta', \omega)\,ds\,ds'\,;$$

d'où il suit qu'en nommant α, β, γ, les angles que cette droite forme
avec les trois axes, ses trois composantes seront exprimées par

$$ii'f(r, \theta, \theta', \omega)\cos\alpha\,ds\,ds', \quad ii'f(r, \theta, \theta', \omega)\cos\beta\,ds\,ds',$$
$$ii'f(r, \theta, \theta', \omega)\cos\gamma\,ds\,ds',$$

et les trois forces parallèles aux trois axes qui en résultent entre deux
circuits par les doubles intégrales de ces expressions, i et i' étant des
constantes.

Or il suit du quatrième cas d'équilibre, en remplaçant les trois cercles
par des courbes semblables quelconques dont les dimensions homologues soient en progression géométrique continue, que ces trois
forces ont des valeurs égales dans deux systèmes semblables; il faut
donc que les intégrales qui les expriment soient de dimension nulle
relativement à toutes les lignes qui y entrent, d'après la remarque
de M. de Laplace que je viens de rappeler, et qu'il en soit par conséquent de même des différentielles dont elles se composent, en comprenant ds et ds' parmi les lignes qui y entrent, parce que le nombre
de ces différentielles, quoique infini du second ordre, doit être considéré comme le même dans les deux systèmes.

Or le produit $ds\,ds'$ est de deux dimensions : il faut donc que $f(r,$
$\theta, \theta', \omega)\cos\alpha, f(r, \theta, \theta', \omega)\cos\beta, f(r, \theta, \theta', \omega)\cos\gamma$ soient de la dimension — 2 ; et comme les angles $\theta, \theta', \omega, \alpha, \beta, \gamma$ sont exprimés par des
nombres qui n'entrent pour rien dans les dimensions des valeurs des
différentielles, et que $f(r, \theta, \theta', \omega)$ ne contient que la seule ligne r, il

faut nécessairement que cette fonction soit proportionnelle à $\frac{1}{r^2}$, en sorte que la force qu'exercent l'un sur l'autre deux éléments de fils conducteurs est exprimée par

$$\frac{ii'\varphi(\theta, \theta', \omega)}{r^2}\, d s\, d s'.$$

Les deux premiers cas d'équilibre déterminent ensuite la fonction φ, où k seul reste inconnu, et l'on a

$$\frac{ii'(\sin\theta \sin\theta' \cos\omega + k\cos\theta \cos\theta')}{r^2}\, d s\, d s',$$

pour la valeur de la force cherchée : c'est, comme on sait, sous cette forme que je l'ai donnée dans le Mémoire que j'ai lu à l'Académie le 4 décembre 1820. En remplaçant alors $\sin\theta \sin\theta' \cos\omega$, et $\cos\theta \cos\theta'$ par leurs valeurs

$$-\frac{r\, d^2 r}{d s\, d s'}\, d s\, d s', \quad -\frac{d r}{d s}\cdot\frac{d r}{d s'},$$

il vient

$$-\frac{ii'}{r^2}\left(\frac{d^2 r}{d s\, d s'} + k\frac{d r}{d s}\cdot\frac{d r}{d s'}\right) d s\, d s' =$$
$$-\frac{ii'(r\, d\, d'r + k\, d r\, d'r)}{r^2} = -\frac{ii'\, r^k\, d\, d'r + k r^{k-1}\, d r\, d'r}{r^{k+1}} =$$
$$-\frac{ii'\, d\, (r^k\, d'r)}{r^{k+1}} = -\frac{ii'\, d\, d'\, (r^{k+1})}{(k+1)\, r^{k+1}},$$

et en faisant pour abréger $k + 1 = m$, on a pour la valeur de la force cherchée cette expression très simple

$$-\frac{ii'\, d\, d'\, (r^m)}{m r^m}.$$

Il ne reste plus alors qu'à déterminer m d'après le cas d'équilibre qui démontre que la somme des composantes des forces qu'exerce un fil conducteur sur un élément, prises dans la direction de cet élément, est toujours nulle quand le fil conducteur forme un circuit fermé. Ce cas d'équilibre, que j'ai considéré dans ce Mémoire comme le troisième, doit l'être alors comme le quatrième, puisqu'il est le dernier qu'on emploie dans la détermination complète de la force cherchée.

En remplaçant d′r par — cos θ′ ds′ dans la valeur

$$- \frac{ii'd\left(r^{m-1} d'r\right)}{r^m}$$

de la force que les deux éléments exercent l'un sur l'autre, on a, pour sa composante, dans la direction de l'élément ds′,

$$\frac{ii'ds'\cos\theta' d\left(r^{m-1}\cos\theta'\right)}{r^m} = \frac{1}{2} \cdot \frac{ii'ds'd\left(r^{2m-2}\cos^2\theta'\right)}{r^{2m-1}},$$

dont il faut que l'intégrale relative aux différentielles qui dépendent de ds soit nulle toutes les fois que la courbe s est fermée; mais il est aisé de voir, en intégrant par parties, qu'elle est égale à

$$\frac{1}{2} ii'ds' \left[\frac{\cos^2\theta'_2}{r_2} - \frac{\cos^2\theta'_1}{r_1} + (2m-1)\int \frac{\cos^2\theta' d r}{r^2} \right].$$

La première partie de cette valeur s'évanouit quand la courbe s est fermée, parce qu'alors $r_2 = r_1$, $\cos\theta'_2 = \cos\theta'_1$, à l'égard de la seconde on démontre facilement, comme nous l'avons fait, page 26, que $\int \frac{\cos^2\theta' d r}{r^2}$ ne peut s'évanouir, quelle que soit la forme de la courbe fermée s; il faut dont qu'on ait $2m-1=0$, $m=\frac{1}{2}$, et que la valeur de la force due à l'action mutuelle des deux éléments ds, ds′ soit

$$- \frac{ii'd d'\left(r^m\right)}{m r^m} = - \frac{2ii'd d'\sqrt{r}}{\sqrt{r}},$$

II. *Sur une transformation propre à simplifier le calcul de l'action mutuelle de deux conducteurs rectilignes.*

Quand les deux conducteurs sont rectilignes, l'angle formé par les directions des deux éléments est constant et égal à celui des directions mêmes des deux conducteurs; il est donc censé connu, et en le désignant par ε, on a, page 24,

$$r\frac{d^2r}{ds\,ds'} + \frac{dr}{ds} \cdot \frac{dr}{ds'} = - \frac{dx}{ds} \cdot \frac{dx'}{ds'} - \frac{dy}{ds} \cdot \frac{dy'}{ds'} - \frac{dz}{ds} \cdot \frac{dz'}{ds'} = - \cos\varepsilon,$$

d'où il suit que

$$\frac{\mathrm{d}\,\mathrm{d}'\,(r^m)}{m\,r^m} = \frac{(m-1)\,\mathrm{d}\,r\,\mathrm{d}\,r' + r\,\mathrm{d}\,\mathrm{d}'\,r}{r^2} = \frac{(m-2)\,\mathrm{d}\,r\,\mathrm{d}\,r' - \cos\varepsilon\,\mathrm{d}\,s\,\mathrm{d}\,s'}{r^2}.$$

En désignant par p un autre exposant quelconque, on a de même

$$\frac{\mathrm{d}\,\mathrm{d}'\,(r^p)}{p\,r^p} = \frac{(p-2)\,\mathrm{d}\,r\,\mathrm{d}'\,r - \cos\varepsilon\,\mathrm{d}\,s\,\mathrm{d}\,s'}{r^2},$$

et, en éliminant $\dfrac{\mathrm{d}\,r\,\mathrm{d}\,r'}{r^2}$ entre ces deux équations, on obtient

$$\frac{(p-2)\,\mathrm{d}\,\mathrm{d}'\,(r^m)}{m\,r^m} - \frac{(m-2)\,\mathrm{d}\,\mathrm{d}'\,(r^p)}{p\,r^p} = \frac{(m-p)\,\cos\varepsilon\,\mathrm{d}\,s\,\mathrm{d}\,s'}{r^2},$$

d'où

$$\frac{\mathrm{d}\,\mathrm{d}'(r^m)}{m\,r^m} = \frac{m-2}{p-2}\cdot\frac{\mathrm{d}\,\mathrm{d}'\,(r^p)}{p\,r^p} + \frac{m-p}{p-2}\cdot\frac{\cos\varepsilon\,\mathrm{d}\,s\,\mathrm{d}\,s'}{r^2},$$

En substituant $\frac{1}{2}$ à m dans cette équation, et en multipliant les deux membres de celle qui résulte de cette substitution par $-ii'$, on a la valeur de l'action de deux éléments de fils conducteurs transformée ainsi

$$-\frac{2\,ii'\,\mathrm{d}\,\mathrm{d}'\sqrt{r}}{\sqrt{r}} = \frac{\frac{3}{2}\,ii'}{p-2}\cdot\frac{\mathrm{d}\,\mathrm{d}'\,(r^p)}{p\,r^p} - \frac{(\frac{1}{2}-p)ii'}{p-2}\cdot\frac{\cos\varepsilon\,\mathrm{d}\,s\,\mathrm{d}\,s'}{r^2},$$

et l'on peut, dans cette expression, assigner à p la valeur que l'on veut. Celle qui donne un résultat plus commode pour le calcul est $p=-1$, en l'adoptant, il vient

$$-\frac{2\,ii'\,\mathrm{d}\,\mathrm{d}'\sqrt{r}}{\sqrt{r}} = \frac{1}{2}\,ii'\,\mathrm{d}\,\mathrm{d}'\,\frac{1}{r} + \frac{1}{2}\cdot\frac{ii'\cos\varepsilon\,\mathrm{d}\,s\,\mathrm{d}\,s'}{r^2} = \frac{1}{2}\,ii'\,\mathrm{d}\,s\,\mathrm{d}\,s'\left(\frac{\cos\varepsilon}{r^2} + r\,\frac{\mathrm{d}^2\,\frac{1}{r}}{\mathrm{d}\,s\,\mathrm{d}\,s'}\right).$$

J'ai déjà trouvé d'une autre manière, page 61, cette expression de la force qu'exercent l'un sur l'autre deux éléments de fils conducteurs ; on ne peut l'employer, pour simplifier les calculs, que quand les conducteurs sont rectilignes, parce que ce n'est qu'alors que l'angle ε est constant et connu ; mais dans ce cas, c'est elle qui donne de la manière la plus simple les valeurs des forces et des moments de rotation qui résultent de l'action mutuelle de deux conducteurs de ce genre. Si j'ai employé dans ce Mémoire d'autres moyens de calculer ces valeurs, c'est qu'à l'époque où je l'ai écrit je ne connaissais pas encore cette transformation de ma formule.

III. *Sur la direction de la droite désignée dans ce Mémoire sous le nom de* directrice *de l'action électro-dynamique à un point donné, lorsque cette action est celle d'un circuit fermé et plan dont toutes les dimensions sont très petites.*

La droite que j'ai nommée *directrice de l'action électro-dynamique à un point donné* est celle qui forme avec les trois axes des angles dont les cosinus sont respectivement proportionnels aux trois quantités A, B, C dont les valeurs, trouvées à la page 40, deviennent

$$A = \lambda \left(\frac{\cos \xi}{r^3} - \frac{3qx}{r^5} \right),$$

$$B = \lambda \left(\frac{\cos \eta}{r^3} - \frac{3qy}{r^5} \right),$$

$$C = \lambda \left(\frac{\cos \zeta}{r^3} - \frac{2qz}{r^5} \right),$$

quand on substitue à n le nombre 2 auquel n est égal; si donc on suppose le petit circuit d'une forme quelconque situé comme il l'est (P. I, fig. 14), c'est-à-dire qu'après avoir placé l'origine A des coordonnées au point donné, on prenne pour l'axe des z la perpendiculaire AZ abaissée du point A sur le plan du petit circuit, et pour le plan des xz celui qui passe par cette perpendiculaire et par le centre d'inertie O de l'aire LMS auquel se rapportent les x, y, z qui entrent dans les valeurs de A, B, C, il est évident qu'on aura $y = 0$, $q = z$, $\xi = \eta = \frac{\pi}{2}$, $\zeta = 0$, et que ces valeurs se réduiront par conséquent à

$$A = -\frac{3\lambda xz}{r^5}, \quad B = 0, \quad C = \lambda \left(\frac{1}{r^3} - \frac{3z^2}{r^5} \right) = \frac{\lambda(x^2 - 2z^2)}{r^5},$$

parce que $r^2 = x^2 + z^2$. B étant nul, la directrice AE est nécessairement dans le plan des xz déterminé comme nous venons de le dire. La tangente de l'angle EAX qu'elle forme avec l'axe des x est évidemment égale à $\dfrac{C}{A}$, c'est-à-dire à $\dfrac{2z^2 - x^2}{3xz}$; et comme celle de l'angle OAX l'est à $\dfrac{z}{x}$, on trouvera pour la valeur de la tangente de OAE

$$\text{tang OAE} = \dfrac{\dfrac{z}{x} - \dfrac{2z^2 - x^2}{3xz}}{1 + \dfrac{2z^2 + x^2}{3x^2}} = \dfrac{(z^2 + x^2)x}{(2x^2 + 2z^2)z} = \dfrac{1}{2} \cdot \dfrac{x}{z} = \dfrac{1}{2} \text{ tang COA :}$$

d'où il suit que si l'on prend $OB = \dfrac{1}{3} OA$, et qu'on élève sur OA au point B un plan perpendiculaire à AO qui rencontre en D la normale OC au plan du petit circuit, la droite ADE menée par les points A, D, sera la directrice de l'action exercée au point A par le courant électrique qui le parcourt, puisqu'on aura

$$AB = 2OB, \qquad \text{tang BDA} = 2 \text{ tang BDO,}$$

et

$$\text{tang OAE} = \cot BDA = \dfrac{1}{2} \cot BDO = \dfrac{1}{2} \text{ tang COA.}$$

Cette construction donne de la manière la plus simple la direction de la droite AE suivant laquelle nous avons vu que le pôle d'un aimant placé en A serait porté par l'action de ce courant. Il est à remarquer qu'elle est située à l'égard du plan LMS du petit circuit qu'il décrit, de même que la direction de l'aiguille d'inclinaison l'est en général à l'égard de l'équateur magnétique; car le point O étant considéré comme le centre de la terre, le plan OAC comme celui du méridien magnétique, et la droite AE comme la direction de l'aiguille d'inclinaison, il est évident que l'angle OAE compris entre le rayon terrestre OA et la direction AE de l'aiguille aimantée est le complément de l'inclinaison, et que l'angle COA est le complément de la latitude magnétique LOA; l'équation précédente devient ainsi

$$\text{cot. incl} = \dfrac{1}{2} \text{ cot. lat,}$$

ou

$$\text{tang. incl} = 2 \text{ tang. lat.}$$

IV. *Sur la valeur de la force qu'un conducteur angulaire indéfini exerce sur le pôle d'un petit aimant.*

Soit que l'on considère le pôle B (P. II, fig. 34) du petit aimant AB comme l'extrémité d'un solénoïde électro-dynamique ou comme une molécule magnétique, on est d'accord, dans les deux manières de voir, à l'égard de l'expression de la force exercée sur ce pôle par chaque élément du conducteur angulaire CMZ : on convient généralement qu'en abaissant du point B sur une de ses branches CμM prolongée vers O la perpendiculaire BO $= b$, en faisant Oμ $= s$, BM $= a$, Bμ $= r$, l'angle BμM $= \theta$, l'angle CMH $=$ BMO $= \varepsilon$, et en désignant par ρ un coefficient constant, la force exercée sur le pôle B par l'élément ds situé en μ est égale à

$$\frac{\rho \sin\theta \, ds}{r^2},$$

qu'il s'agit d'intégrer depuis $s =$ OM $= a \cos\varepsilon$ jusqu'à $s = \infty$, ou, ce qui revient au même, depuis $\theta = \varepsilon$ jusqu'à $\theta = 0$: mais, dans le triangle BOμ, dont le côté OB $= b = a \sin\varepsilon$, on a

$$r = \frac{a \sin\varepsilon}{\sin\theta}, \quad s = a \sin\varepsilon \cot\theta, \quad ds = -\frac{a \sin\varepsilon \, d\theta}{\sin^2\theta}, \quad \frac{ds}{r^2} = -\frac{d\theta}{a \sin\varepsilon},$$

ainsi

$$\frac{\rho \sin\theta \, ds}{r^2} = -\frac{\rho \sin\theta \, d\theta}{a \sin\varepsilon},$$

dont l'intégrale est

$$\frac{\rho}{a \sin\varepsilon} (\cos\theta + C),$$

ou, en la prenant entre les limites déterminées ci-dessus,

$$\frac{\rho(1 - \cos\varepsilon)}{a \sin\varepsilon} = \frac{\rho}{a} \tan\frac{1}{2}\varepsilon,$$

valeur qu'il suffit de doubler pour avoir la force exercée sur le pôle B par le conducteur angulaire indéfini CMZ ; cette force, en raison inverse de BM $= a$, est donc, pour une même valeur de a, proportionnelle à la tangente de la moitié de l'angle CMH, et non à cet angle lui-même, quoiqu'on prétende que la valeur

$$\frac{\rho \sin \theta \, ds}{r^2}$$

de la force exercée par l'élément ds sur le pôle B, ait été trouvée en *analysant par le calcul* la supposition que la force produite par le fil conducteur CMZ était proportionnelle à l'angle CMH. On ne peut douter qu'il n'y eût quelque erreur dans ce calcul; mais il serait d'autant plus curieux de le connaître, qu'il avait pour but de déterminer la valeur d'une différentielle par celle de l'intégrale définie qui en résulte entre des limites données, ce qu'aucun mathématicien ne me paraît, jusqu'à présent, avoir cru possible.

Comme on ne peut pas, dans la pratique, rendre les branches MC, MZ du conducteur angulaire réellement infinies, ni éloigner les portions du fil dont il est formé qui mettent ces branches en communication avec les deux extrémités de la pile, à une assez grande distance du petit aimant AB pour qu'elles n'aient sur lui absolument aucune action, on ne doit, à la rigueur, regarder la valeur que nous venons d'obtenir que comme une approximation. Afin d'avoir à vérifier par l'expérience une valeur exacte, il faut calculer celle qu'exerce sur le pôle B du petit aimant un fil conducteur PSRMTSN, dont les portions SP, SN, qui communiquent aux deux extrémités de la pile, sont revêtues de soie et tordues ensemble, comme on le voit en SL, jusqu'auprès de la pile, en sorte que les actions qu'elles exercent se détruisent mutuellement, et dont le reste forme un losange SRMT situé de manière que la direction de la diagonale SM de ce losange passe par le point B. Pour cela, en conservant les dénominations précédentes et faisant de plus l'angle BRM $= \theta_{\text{\textbar}}$, l'angle BRO' $= \theta'_{\text{\textbar}}$, la distance BS $= a'$ et la perpendiculaire BO' $= b' = - a'$ sin ε parce que l'angle BSO' $= - \varepsilon$, on verra aisément que l'action de la portion RS du fil conducteur sur le pôle B est égale à

$$- \frac{\rho(\cos \varepsilon - \cos \theta'_1)}{b'},$$

comme, à cause de $b = a \sin \varepsilon$, on aurait trouvé

$$\frac{\rho(\cos \theta_1 - \cos \varepsilon)}{b},$$

pour celle qu'exerce la portion MR sur le même pôle B, en prenant l'intégrale précédente depuis $\theta = \epsilon$ jusqu'à $\theta = \theta_1$.

En réunissant ces deux expressions et en doublant la somme, on a, pour l'action de tout le contour du losange MRST,

$$2\rho \left(\frac{\cos \theta_1}{b} - \frac{\cos \epsilon}{b} + \frac{\cos \theta'_1}{b'} - \frac{\cos \epsilon}{b'} \right).$$

Cette expression est susceptible d'une autre forme qu'on obtient en rapportant la position des quatre angles du losange à deux axes BX, BY menés par le point B parallèlement à ces côtés et qui les rencontrent aux points D, E, F, G ; si l'on fait $BD = BF = g$, $BE = BG = h$, on aura

$$b = BO = g \sin 2\epsilon, \quad b' = BO' = h \sin 2\epsilon$$

$$\cos \theta_1 = \frac{OR}{BR} = \frac{h + g \cos 2\epsilon}{\sqrt{g^2 + h^2 + 2gh \cos 2\epsilon}},$$

$$\cos \theta'_1 = \frac{O'R}{BR} = \frac{g + h \cos 2\epsilon}{\sqrt{g^2 + h^2 + 2gh \cos 2\epsilon}},$$

et au moyen de ces valeurs, celle de la force exercée sur le pôle B deviendra

$$2\rho \left(\frac{h + g \cos 2\epsilon}{g \sin 2\epsilon \sqrt{g^2 + h^2 + 2gh \cos 2\epsilon}} + \frac{g + h \cos 2\epsilon}{h \sin 2\epsilon \sqrt{g^2 + h^2 + 2gh \cos 2\epsilon}} - \frac{\cos \epsilon}{g \sin 2\epsilon} - \frac{\cos \epsilon}{h \sin 2\epsilon} \right) =$$

$$\rho \left(\frac{2 \sqrt{g^2 + h^2 + 2gh \cos 2\epsilon}}{gh \sin 2\epsilon} - \frac{1}{g \sin \epsilon} - \frac{1}{h \sin \epsilon} \right),$$

en remplaçant dans les deux derniers termes $\sin 2\epsilon$ par sa valeur $2 \sin \epsilon \cos \epsilon$.

Abaissons maintenant du point D les perpendiculaires DI, DK sur les droites BM, BR : la première sera évidemment égale à $g \sin \epsilon$, et la seconde s'obtiendra en faisant attention qu'en la multipliant par $BR = \sqrt{g^2 + h^2 + 2gh \cos 2\epsilon}$, on a un produit égal au double de la surface du triangle BDR, c'est-à-dire à $gh \sin 2\epsilon$, en sorte qu'en nommant $p_{1,1}$ et $p_{1,2}$ ces perpendiculaires, il vient

$$\frac{1}{p_{1,1}} = \frac{1}{g \sin \epsilon}, \quad \frac{1}{p_{1,2}} = \frac{\sqrt{g^2 + h^2 + 2gh \cos 2\epsilon}}{gh \sin 2\epsilon};$$

21

en abaissant du point E les deux perpendiculaires EU, EV sur les droites BT, BS, et en les représentant par $p_{2,1}$ et $p_{2,2}$, la première sera égale à DK à cause de l'égalité des triangles BDR, BET, et la seconde aura pour valeur $h \sin \varepsilon$, en sorte que l'expression de la force exercée par le contour du losange MRST sur le pôle B pourra s'écrire ainsi :

$$\rho \left(\frac{1}{p_{1,2}} + \frac{1}{p_{2,1}} - \frac{1}{p_{1,1}} - \frac{1}{p_{2,2}} \right).$$

Sous cette forme elle s'applique non seulement à un losange dont une diagonale est dirigée de manière à passer par le point B, mais à un parallélogramme quelconque NRST (fig. 44) dont le périmètre est parcouru par un courant électrique qui agit sur le pôle d'un aimant situé dans le plan de ce parallélogramme. Il résulte, en effet, de ce qui a été dit, pages 41 et 81, que l'action de NRST sur le pôle B est la même que si tous les éléments $d^2\lambda$ dont se compose sa surface agissaient sur ce pôle avec une force égale à $\frac{\rho d^2\lambda}{r^3}$; d'où il suit qu'en nommant x et y les coordonnées rapportées aux axes BX, BY, et à l'origine B d'un point quelconque M de l'aire du parallélogramme ce qui donne

$$d^2\lambda = dx \, dy \sin 2\varepsilon \quad \text{et} \quad r = \sqrt{x^2 + y^2 + 2xy \cos 2\varepsilon},$$

on aura, pour la force totale imprimée au pôle B,

$$\rho \sin 2\varepsilon \iint \frac{dx \, dy}{(x^2 + y^2 + 2xy \cos 2\varepsilon)^{\frac{3}{2}}}.$$

Or nous avons vu, page 73, que l'intégrale indéfinie de

$$\frac{ds \, ds'}{(a^2 + s^2 + s'^2 - 2ss' \cos \varepsilon)^{\frac{3}{2}}}$$

est

$$\frac{1}{a \sin \varepsilon} \operatorname{arc tang} \frac{ss' \sin^2 \varepsilon + a^2 \cos \varepsilon}{a \sin \varepsilon \sqrt{a^2 + s^2 + s'^2 - 2ss' \cos \varepsilon}},$$

ou

$$- \frac{1}{a \sin \varepsilon} \operatorname{arc tang} \frac{a \sin \varepsilon \sqrt{a^2 + s^2 + s'^2 - 2ss' \cos \varepsilon}}{ss' \sin^2 \varepsilon + a^2 \cos \varepsilon},$$

en supprimant la constante $\frac{\pi}{2}$. Quand a est nul, cette quantité se présente sous la forme $\frac{0}{0}$; mais comme l'arc doit être alors remplacé par sa tangente, le facteur nul $a \sin \varepsilon$ disparaît, et l'on a

$$\iint \frac{ds\, ds'}{(s^2 + s'^2 - 2ss' \cos \varepsilon)^{\frac{3}{2}}} = - \frac{\sqrt{s^2 + s'^2 - 2ss' \cos \varepsilon}}{ss' \sin^2 \varepsilon},$$

qu'il est aisé de vérifier par la différentiation. On en conclut immédiatement que l'expression de la force que nous calculons, considérée comme une intégrale indéfinie, est

$$- \frac{\rho \sqrt{x^2 + y^2 + 2xy \cos 2\varepsilon}}{xy \sin^2 \varepsilon} = - \frac{\rho}{p},$$

en nommant p la perpendiculaire PQ abaissée du point P sur BM, parce que le double de l'aire du triangle BPM est à la fois égal à $p\sqrt{x^2 + y^2 + 2xy \cos 2\varepsilon}$ et à $xy \sin 2\varepsilon$, ce qui donne

$$\frac{1}{p} = \frac{\sqrt{x^2 + y^2 + 2xy \cos 2\varepsilon}}{xy \sin^2 2\varepsilon}.$$

Il ne reste plus maintenant qu'à calculer les valeurs que prend cette intégrale indéfinie aux quatre sommets N, R, T, S du parallélogramme, et à les ajouter avec des signes convenables; en continuant de désigner respectivement par $p_{1,1}$, $p_{1,2}$, $p_{2,1}$, $p_{2,2}$ les perpendiculaires DI, DK, EU, EV, il est évident qu'on obtient ainsi pour la valeur de la force cherchée

$$\rho \left(\frac{1}{p_{1,2}} + \frac{1}{p_{2,1}} - \frac{1}{p_{1,1}} - \frac{1}{p_{2,2}} \right).$$

La direction perpendiculaire au plan du parallélogramme N R S T suivant laquelle le pôle d'un aimant situé en B est porté par l'action du courant électrique qui parcourt le contour de ce parallélogramme, est la directrice de l'action électro-dynamique qu'il exerce au point B : d'où il suit que s'il y avait à ce point un élément de courant électrique situé dans le plan du parallélogramme, il formerait un angle droit avec la directrice, et qu'ainsi l'action de ce courant sur l'élément serait une force située dans ce plan, perpendiculaire à la direction de l'élément, et égale à celle que le même courant exercerait sur le pôle d'un aimant placé au point B multipliée par un rapport constant, qui est ici celui de ρ à $\frac{1}{2} ii' ds$, en nommant cet élément ds; en sorte que la force ainsi dirigée qui agirait sur l'élément aurait pour valeur

$$\frac{1}{2} ii'' ds \left(\frac{1}{p_{1,2}} + \frac{1}{p_{2,1}} - \frac{1}{p_{1,1}} - \frac{1}{p_{2,2}} \right).$$

Lorsque l'élément situé en B n'est pas dans le plan du parallélogramme, mais forme avec ce plan un angle égal à ω, on peut le remplacer par deux éléments de même intensité, l'un dans ce plan, l'autre qui lui est perpendiculaire : l'action du courant du parallélogramme sur ce dernier étant nulle, on ne doit tenir compte que de celle qu'il exerce sur le premier ; elle est évidemment dans le plan du parallélogramme, perpendiculaire à l'élément et égale à

$$\frac{1}{2} ii'' ds \cos \omega \left(\frac{1}{p_{1,2}} + \frac{1}{p_{2,1}} - \frac{1}{p_{1,1}} - \frac{1}{p_{2,2}} \right).$$

FIN

PARIS. — IMPRIMERIE C. MARPON ET E. FLAMMARION, RUE RACINE,   .

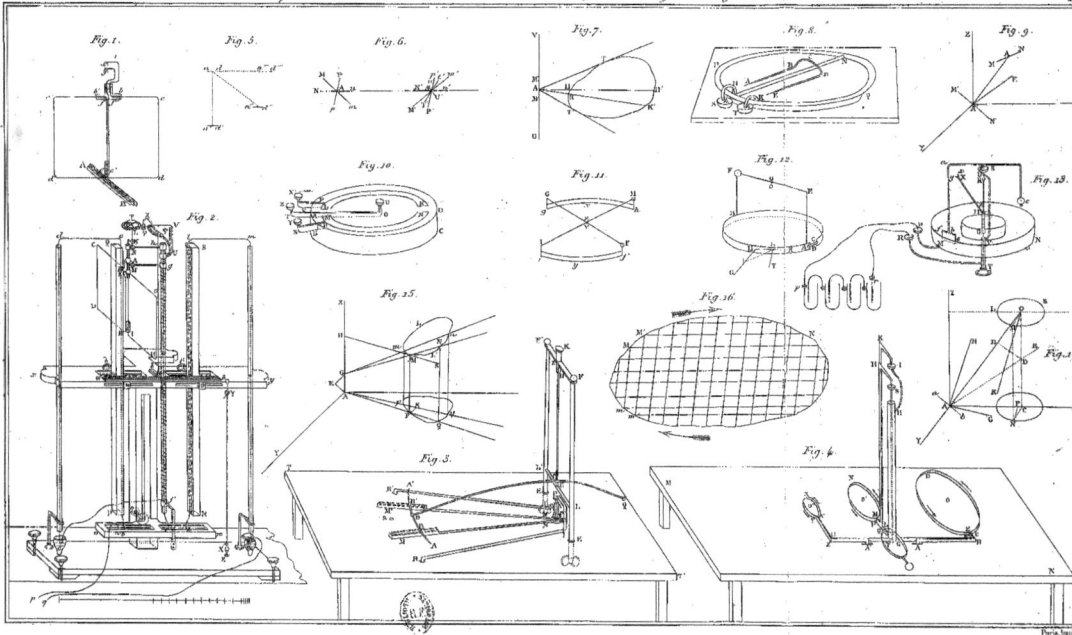

Fig. 1. Fig. 5. Fig. 6. Fig. 7. Fig. 8. Fig. 9. Fig. 10. Fig. 11. Fig. 12. Fig. 13. Fig. 2. Fig. 15. Fig. 16. Fig. 3. Fig. 4.

Pl. 2

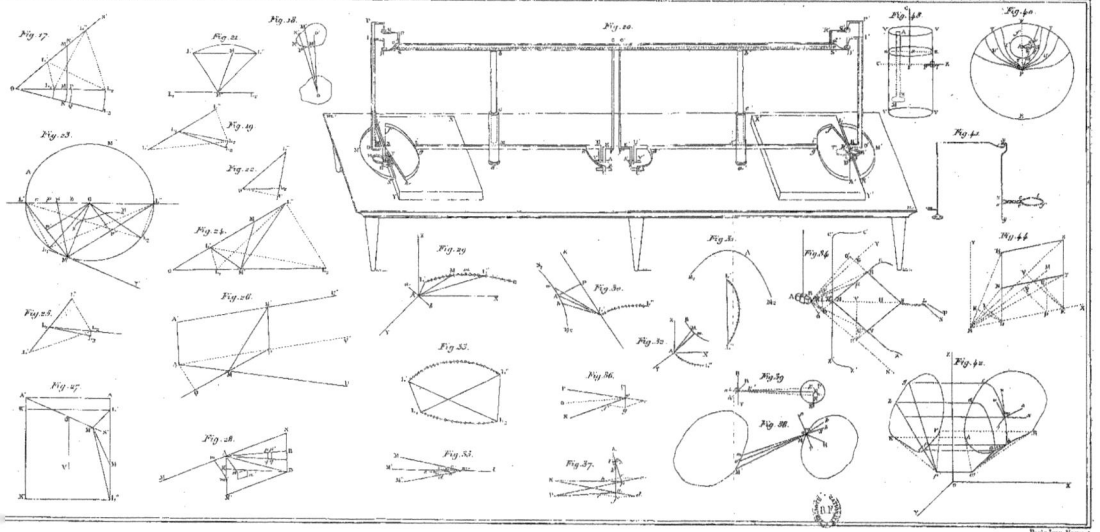

Fig. 17. Fig. 21. Fig. 18. Fig. 20. Fig. 45. Fig. 40.

Fig. 23. Fig. 19. Fig. 22. Fig. 41.

Fig. 24. Fig. 44.

Fig. 25. Fig. 26. Fig. 29. Fig. 30. Fig. 31. Fig. 42. Fig. 34. Fig. 43.

Fig. 27. Fig. 35. Fig. 36. Fig. 32.

Fig. 28. Fig. 33. Fig. 37. Fig. 39. Fig. 38.

Paris. Imp. Bernard.

www.ingramcontent.com/pod-product-compliance
Lightning Source LLC
Chambersburg PA
CBHW050105210326
41519CB00015BA/3831